Gute Führung durch Yoga und Meditation

Michael Schwalbach

Gute Führung durch Yoga und Meditation

Mit der uralten Weisheitslehre Yoga zu mehr Führungsqualität

Mit 15 Abbildungen und 22 Videos

Springer

Michael Schwalbach
Frankfurt am Main, Deutschland

Ergänzende Videos finden Sie auf http://link.springer.com/book/10.1007/978-3-662-48933-8

ISBN 978-3-662-48933-8 ISBN 978-3-662-48934-5 (eBook)
DOI 10.1007/978-3-662-48934-5

Die Deutsche Nationalbibliothek verzeichnet diese Publikation in der Deutschen Nationalbibliografie; detaillierte bibliografische Daten sind im Internet über http://dnb.d-nb.de abrufbar.

Einbandabbildung: © filtv/Fotolia
Umschlaggestaltung: deblik Berlin

Gedruckt auf säurefreiem und chlorfrei gebleichtem Papier.

Springer ist Teil von Springer Nature
Die eingetragene Gesellschaft ist Springer-Verlag GmbH Berlin Heidelberg

Das Buch ist all jenen gewidmet,
die sich der Ent-Wicklung des Menschen verschrieben haben.

Vorwort

Yoga ist in der Mitte unserer Gesellschaft angekommen. Mehr als 5 Mio. Menschen praktizieren hierzulande Yoga. In der gesamten westlichen Welt erfreut sich Yoga einer stetig steigenden Nachfrage. Viele Künstler, Kreative und Hochleistungssportler vertrauen auf Yoga wie etwa die Seattle Seahawks, Superbowl-Gewinner des Jahres 2014. Diese Football-Mannschaft hat Yoga verpflichtend für alle Spieler eingeführt. Und auch die erfolgreiche deutsche Mannschaft hatte während der Fußballweltmeisterschaft in Brasilien einen Yogalehrer im Team hinter dem Team.

Aber Hand aufs Herz: Woran denken Sie, wenn Sie das Wort Yoga lesen? Vielleicht geht es Ihnen so wie vielen Führungskräften, denen ich begegne. Sie sind zwar neugierig, aber Sie sind auch skeptisch und verbinden Yoga mit Esoterik und Religion, Räucherstäbchen und gymnastischen Verrenkungen, die für uns Normalsterbliche nicht durchführbar erscheinen.

In diesem Buch geht es um das, was die uralte Weisheitslehre Yoga jenseits von Esoterik, Religion und körperlicher Artistik zu bieten hat. Und dies besitzt eine hohe Relevanz für die moderne Führungspraxis. Mein Anliegen ist es, Ihren Blick auf Yoga als ganzheitliche und zeitgemäße Methode zur Entwicklung von Führungskompetenz zu schärfen. „*Führung ist wie eine Reise der beruflichen und persönlichen Selbstentwicklung*", sagt Bernard Fontana (2014, S. 90), ehemaliger CEO von Holcim, einem der weltgrößten Baustoffproduzenten. So gesehen kann Yoga ein sehr hilfreicher Reisebegleiter sein. Mit Yoga ist in diesem Buch eine kontemplative Übungspraxis gemeint, die neben Körperübungen Achtsamkeit und Meditation integriert.

Den Großteil meiner Berufslaufbahn war ich in Unternehmensberatungen tätig, viele Unternehmen und Führungskulturen durfte ich kennenlernen, Hochleistungsteams aufbauen und leiten. Vor 15 Jahren begegnete mir Yoga. Anfangs war ich skeptisch, später integrierte ich die wöchentliche Yogastunde als unumstößlichen Termin in meinen Beraterailtag, schließlich folgte die Ausbildung zum Yogalehrer. Heute spielt Yoga eine wichtige Rolle in meinem Leben, sowohl privat als auch beruflich. Noch mit 40 hätte ich mir nicht träumen lassen, einmal Yogakurse zu geben oder Yoga in meine Arbeit zu integrieren. Und nie hätte ich damit gerechnet, einmal ein Buch zu schreiben, geschweige denn über Yoga und Führung.

Vor einigen Jahren stieß ich auf eine inspirierende Aussage von Marc Benioff, dem Gründer von Salesforce.com, einem Pionierunternehmen für Cloud-Computing. „*Yoga ist ein Führungsinstrument*", so das Credo des schillernden Selfmade-Milliardärs und fortgeschrittenen Yogaschülers, der für seine visionäre Führung und hohe Innovationskraft bekannt ist (Secretan 2001, S. 154). Dieser Blick auf Yoga hat mich seither nicht mehr losgelassen. Yoga hatte auch für Steve Jobs eine große Bedeutung. Jeder Teilnehmer an der Trauerfeier zu seiner Beerdigung erhielt ein kleines braunes Kästchen. Den Inhalt hatte Jobs ausgesucht, und es war offensichtlich die letzte Inspiration, die er den Beschenkten mit auf den Weg geben wollte. Das Kästchen enthielt das Buch *Autobiographie eines Yogi*, von Paramahansa Yogananda. Jährlich hatte Jobs seine Freunde, darunter auch Marc Benioff, zu sich eingeladen, und stets hatte er ein Kapitel aus Yoganandas Buch vorgelesen.

Heute weiß ich um die positive Wirkung von Yoga für die Führung – aus langjähriger persönlicher Erfahrung und aus den Erfahrungen der Teilnehmer meiner Yogakurse für Menschen im Business. Mittlerweile ist die positive Wirkungskraft von Yoga in vielen Bereichen auch wissenschaftlich erwiesen. Und immer mehr spannende Erkenntnisse werden zutage gefördert, wie und warum Yoga auf unseren Körper und unser Gehirn wirkt.

Im Yoga geht es darum, eigene Erfahrungen zu machen. Deshalb finden Sie einige praktische Übungen für Ihren Führungsalltag. Die ausgewählten Übungen sind vielfach erprobt und schnell zu erlernen. Zu fast allen Übungen erhalten Sie Videoanleitungen. Je nachdem, in welcher Ausgabeform Sie dieses Buch lesen, können Sie diese Videos streamen, über Kurz-URLs oder QR-Codes erreichen. Keine Sorge, Sie müssen dazu nicht auf die Matte. Sollten Sie jedoch einmal eine Yogastunde ausprobieren wollen, finden Sie in Ihrer Nähe sicher ein passendes Angebot. Unter den Yogaübenden befinden sich zurzeit nur wenige Männer. Dabei war es ursprünglich eine Geheimmethode, die nur von Mann zu Mann weitergegeben wurde.

Mit diesem Buch lade ich Sie ein, Yoga als Weg zur guten Führung kennenzulernen. Die uralte Weisheitslehre ist sicher kein Wundermittel, Zweifel und Skepsis sind erlaubt und gehören dazu. Aber vermutlich war sie für gute Führung nie so wertvoll wie heute.

Das Buch richtet sich in erster Linie an Führungskräfte. Führungskräfte sind nicht nur an der Spitze von Organisationen, sondern auf allen Ebenen zu finden. Auch Coaches, Berater, Trainer und Yogalehrer sind Führungskräfte, bei denen die Qualität der Selbstführung und Beziehungsgestaltung über den Erfolg Ihres Tuns entscheidet.

Bei der Verfassung des Textes war eine Entscheidung zwischen Gender-Korrektheit und flüssiger Lesbarkeit zu treffen. Dem Text zuliebe habe ich mich auf eine Form beschränkt. Ich beziehe dabei ausdrücklich Leserinnen, weibliche Führungskräfte, Coaches, Berater und Mitarbeitende ein.

Frankfurt am Main, im Januar 2016 — Michael Schwalbach

Danksagung

Dieses Buch basiert auf der Inspiration und Unterstützung zahlreicher Menschen, denen ich von Herzen danke.

Es war Reinald Klockenbusch vom Springer-Verlag, der durch sein starkes Interesse an meinem Herzensthema meine Energie entfachte, mich auf das „Abenteuer Buch“ einzulassen. Mit Joachim Coch stellte mir der Verlag einen Menschen zur Seite, der mich zu Beginn ermutigte, später dann professionell, unaufgeregt und mit hoher Aufmerksamkeit durch den Prozess der Bucherstellung führte. Stefanie Teichert übernahm das Lektorat des Manuskripts mit großer Sorgfalt und einer konstruktiv-kritischen Haltung, die das Buch deutlich besser machte. Judith Danziger und Heiko Sawczuk kümmerten sich um die Einbindung der Videos in das Buch und die weitere Projektbegleitung im Springer-Verlag.

Einige Freunde und Kollegen haben sich die Mühe gemacht, frühere Textfassungen zu lesen. Ihre Rückmeldungen haben die Leserfreundlichkeit des Buches erheblich gesteigert. Eric Czotscher gab mir einfühlsam, aber doch klar verständlich die Anregung, den ursprünglich von mir vorgesehenen Aufbau gründlich zu überarbeiten. Die Hinweise von Dorothée Putzier führten zu mehr Klarheit in der Argumentation und dem Aufbau einzelner Abschnitte. Verena Kohlhas hat sich mit ihrem naturwissenschaftlich geschulten Verstand des Textes angenommen und einige Inkonsistenzen aufgespürt. Ihre Begeisterung für die Inhalte hat mich bei der Fertigstellung des Manuskripts beflügelt. Von Janina Bäder stammt die Idee, dem Leser mithilfe eines Kompetenzrades die Möglichkeit zur Reflexion des eigenen Führungsverhaltens zu geben. Die anregenden und reflektierenden Gespräche mit Thomas Eisenbarth waren mir sehr hilfreich, um während der manchmal doch langen Zeit des Schreibens am Ball zu bleiben. Toni Becker-Glajcar steuerte die schönen Grafiken im ersten Buchteil bei.

Im Gespräch mit Sebastian Eck entstand die Idee, den Lesern die Durchführung der Übungen mithilfe von Videos zu erleichtern. Sebastian hat mich auch ermutigt, die Übungen persönlich durchzuführen und mich damit deutlich aus meiner Komfortzone zu bewegen.

Meinen Gesprächspartnern Frau Franziska von Lewinski, Herrn Frank Kadereit, Herrn Alexander Lichtenberg und Dr. Maik Lehmann bin ich ganz besonders dankbar. Die Berichte dieser Führungspersönlichkeiten über ihre Erfahrungen mit der Yogapraxis sind für das Buch eine immense Bereicherung.

Nicht zuletzt gilt mein Dank all jenen, die mich, sobald ich mein Buchvorhaben publik gemacht hatte, mit wertvollen Informationen und Hinweisen zu vielen relevanten Themengebieten versorgten. Hervorheben möchte ich Dr. Ulrich Ott, dem ich spannende Einsichten in die mannigfaltigen Wirkungen von Yoga und Meditation auf das Gehirn verdanke.

Meinen Lehrern Dr. Sarab Sarang Kaur, Atma Singh, Satya Singh und Karta Singh danke ich für ihre herausfordernde und zugleich liebevolle Begleitung auf meinem Yogaweg.

Von meiner Lebensgefährtin Barbara Kohlhas erhielt ich unermüdlich Zuspruch und Verständnis. Ich empfinde es als großes Geschenk, sie an meiner Seite zu wissen.

Frankfurt am Main, im Februar 2016 — Michael Schwalbach

Autorenporträt

Dr. Michael Schwalbach arbeitete 20 Jahre lang als Unternehmensberater. Zuletzt war er Mitglied des Leadership-Teams in der Strategieberatung eines globalen IT-Beratungsunternehmens. Seine Tätigkeitsschwerpunkte umfassten Strategieentwicklung und Unternehmenstransformation, Innovation, Post-Merger-Integration und Restrukturierung. Im Laufe seines langen Beraterlebens reifte bei Michael Schwalbach die Erkenntnis: Über den Unternehmenserfolg entscheiden letztlich nicht Strategien und Prozesse, sondern der Mensch.

Seit 2008 ist Michael Schwalbach selbstständig. Er steht für eine Führungs- und Arbeitskultur, die erfolgreiche Organisationen schafft, in denen die Menschen Inspiration, Fokus und Energie entfalten. In seiner Arbeit verbindet Michael Schwalbach die Wissens- und Erfahrungswelten von Business, moderner Wissenschaft und der uralten Weisheitslehre Yoga.

Michael Schwalbach ist gefragter Coach und Berater für Führungskräfte zu den Themen Führung, Veränderungsgestaltung und Entwicklung der Unternehmenskultur. Daneben unterrichtet er als erfahrener Yogalehrer Führungskräfte in achtsamer Selbstführung durch Meditation und Yoga. Er ist Autor mehrerer Veröffentlichungen zu Selbstführung und Führung, unter anderem im *Harvard Business Manager*.

Michael Schwalbach studierte Volkswirtschaft in Mainz, New York und Rio de Janeiro. Neben seinem Studium produzierte er Tierfilme für das ZDF.

Inhaltsverzeichnis

Einführung

Michael Schwalbach

M. Schwalbach, *Gute Führung durch Yoga und Meditation*, DOI 10.1007/978-3-662-48934-5_1

> Jeder denkt daran, die Welt zu verändern, aber niemand denkt daran, sich selbst zu ändern. (Leo Tolstoi)

1.1 Menschen stehen im Mittelpunkt von Führung

Heutige Führung ist mehr am Menschen, weniger an Prozessen und Geschäftsstrategien orientiert

Führungskräfte agieren in einem Umfeld, das von hoher Dynamik, Komplexität und Unsicherheit geprägt ist. Das 21. Jahrhundert wird, so der Managementvordenker Fredmund Malik (2014), deshalb mehr und bessere Führung brauchen als jedes andere zuvor. Führung ist nicht mehr vorrangig auf die Optimierung von Prozessen und Geschäftsstrategien ausgerichtet – beides ist weitgehend beherrsch- und kopierbar geworden. Cornelius Baur, Deutschlandchef von McKinsey, bringt es auf den Punkt wenn er in einem FAZ-Interview erklärt, es sei heute damit vorbei, den Managern ihre Absatzchancen für China in 5 Jahren zu skizzieren. Heute gäben Manager drei Suchworte bei Google ein und hätten ein Dutzend Studien auf dem Bildschirm. Jetzt, im Zeitalter der Wissensarbeiter, stehen die Menschen im Mittelpunkt der strategischen Entwicklungsaufgabe. Salesforce.com gilt als eines der am schnellsten wachsenden und innovativsten Unternehmen der USA. Der Anbieter von IT-Cloud-Produkten und -Lösungen wirbt mit seiner Kultur „more human, less corporate" um Talente (Boutin 2014).

Wie kann dann Führung gelingen? Welche Kompetenzen werden benötigt? Und welche Methoden der Führungskräfteentwicklung können hierbei unterstützen? Mehr vom Gleichen braucht es offenbar nicht. Wie die Harvard-Professorin Barbara Kellerman (2012) feststellt, sind die Ergebnisse der in den letzten Jahrzehnten entstandenen „Leadership-Industrie" ziemlich ernüchternd. Dem ist leider zuzustimmen, wenn wir z. B. auf die Entwicklung von Vertrauen, Resilienz und Engagement in Organisationen schauen. Nach einer aktuellen Gallup-Studie ist ein schlechter Chef der häufigste Grund für negative Stimmung am Arbeitsplatz. 16 % der Beschäftigten haben im vergangenen Jahr erwogen, wegen des Vorgesetzten die Arbeitsstelle zu wechseln. Fast ein Viertel der Befragten gab an, schon einmal wegen ihres Chefs gekündigt zu haben.

Führung heute bewirkt natürlich auch viel Positives. In Führungskreisen gibt es gleichwohl ein weitverbreitetes Unbehagen mit Blick auf die aktuellen Führungsergebnisse. Es herrscht Unsicherheit, wie die Führungsherausforderungen der Zukunft zu meistern seien. Wohl auch deshalb stoßen Führungs- und Entwicklungskonzepte, die den Menschen und dessen innere Verfasstheit stärker in den Blick nehmen, zunehmend auf Resonanz. Die Achtsamkeitskurse des Molekularbiologen Jon Kabat-Zinn während des World Economic Forums werden von Jahr zu Jahr besser besucht, Topführungskräfte wie Peter Terium (RWE) und Norbert Reithofer (BMW) praktizieren Yoga oder meditieren. Chade-Meng Tan, ein Google-Mitarbeiter der ersten Stunde, entwickelte für seine Firma das Achtsamkeitstraining „Search

Inside Yourself". Dieses Programm wird mittlerweile in vielen Ländern als Firmentraining nachgefragt. Bei BMW ist das Modul „Leading Yourself" ein zentraler Baustein des Fortbildungssystems.

Gute Führungskräfte vertrauen nicht ausschließlich auf das Rationale und Analytische. Sie nutzen Werkzeuge, um zu verstehen, wie sie selbst ticken und wahrnehmen. Auf dieser Basis entwickeln und verankern sie neues, hilfreiches Führungsverhalten – auch und besonders dann, wenn der Druck groß ist und viel auf dem Spiel steht. Der Schlüssel für gute Führung ist nicht Ihre Handlungs-Toolbox. Der Schlüssel sind Sie selbst. Mit den Worten von George Bill, Professor an der Harvard-Universität, ausgedrückt (zit. nach Boschert 2016): *„True Leadership can only begin when the leaders look deep into themselves and see who they really are."* Ohne die effektive Führung von innen erleben Sie früher oder später die *„performance gap"*. So nennt Erika Ariel Fox (2013) das Phänomen, wenn unsere tatsächliche Reaktion von der optimalen Reaktion auf eine Situation abweicht. Die Trainerin für Verhandlungstechniken an der Harvard-Universität stellte sich nach fast 20 Jahren Training und Coaching von Führungskräften die Frage: Wenn bekannt und trainiert ist, was getan werden soll, warum wenden wir es dann häufig nicht an, besonders wenn es wichtig wäre? Ihre Antwort (Fox 2013, S. 7; Übers. d. Verf.): *„Weil wir uns selbst im Wege stehen und uns nicht die Erlaubnis für das gelernte, optimale Handeln erteilen."*

Gute Führungskräfte wollen verstehen, wie sie selbst ticken

Es ist Zeit für eine neue Perspektive auf Yoga, Zeit, die uralte Weisheitslehre in ihrer Wirksamkeit für gute Führung im 21. Jahrhundert zu beleuchten. Der Kern der Weisheitslehre Yoga ist das Streben nach Selbsterkenntnis, nach effektiver Führung von innen. Wenn wir nach Techniken und Wegen für gute Selbstführung und Führung suchen, dann brauchen wir nichts Neues zu erfinden. Viel Erfolg versprechender ist die Rückbesinnung auf das, was bereits vorhanden und vielfach erprobt ist.

1.2 Zum Aufbau des Buches

Nach dieser kurzen Einführung in ▶ Kap. 1 wird in ▶ Kap. 2 ein neues Verständnis von guter, zukunftsfähiger Führung skizziert, das bei Führungskräften international auf Resonanz stößt. Ausgewählte Beispiele aus Theorie und Praxis liefern Hilfestellung bei der Frage, wie das neue Führungsparadigma realisiert werden kann. Um erfolgreich zu führen, werden mehr Fähigkeiten der Selbstführung und Beziehungsgestaltung gebraucht, als dies früher der Fall war. Auf zwölf Kompetenzen kommt es dabei besonders an.

Die uralte Weisheitslehre Yoga mit ihren Verhaltensleitlinien sowie mentalen und physischen Methoden zur Persönlichkeits- und Kompetenzentwicklung besitzt eine hohe Relevanz für gute Führung. Dies wird in ▶ Kap. 3 des Buches aufgezeigt.

Die Frage, was Yoga zur Entwicklung der zwölf Führungskompetenzen beizutragen vermag, wird in ▶ Kap. 4 beantwortet. Erkenntnisse aus Hirnforschung und Psychologie spielen hierbei eine wichtige Rolle. Jede Kompetenz wird einzeln betrachtet. Einfache Übungen sollen Ihnen helfen, die jeweilige Kompetenz zu stärken. Wenn Sie glauben, wenig Zeit zu haben, können Sie bei jener Kompetenz einsteigen, die Sie am meisten interessiert.

In ▶ Kap. 5 des Buches erhalten Sie die Gelegenheit, sich mit Ihren eigenen Führungskompetenzen auseinanderzusetzen. Vielleicht mag dies ein Anstoß für persönliche Weiterentwicklung sein.

Das ▶ Kap. 6 enthält vier Gespräche mit Führungspersönlichkeiten über Yoga. Die Gesprächspartner geben offen darüber Auskunft, welchen Nutzen sie persönlich und in ihrer Führungsrolle aus der Yogapraxis ziehen.

Bei der Lektüre des Buches mag bisweilen der Eindruck entstehen, Yoga sei das Wundermittel für gute Führung. Das ist natürlich nicht der Fall, selbst wenn yogische Techniken tiefer greifen als viele andere, die heute für die Entwicklung von Führungspersönlichkeiten genutzt werden. Zum einen sind die positiven Wirkungen von Yoga nur mit Freiwilligkeit herzustellen. Führungskräfte zum Yoga zu verpflichten, wie das bei anderen Trainings durchaus der Fall ist, ist nicht sinnvoll. Zum anderen ist es schwierig, sich selbst zu verändern. Dies gilt für Verhaltensveränderungen und noch mehr, wenn es um die Persönlichkeit geht. Yoga mag zwar eine bewährte Technik der Selbstermächtigung sein. Auf Basis eines neurobiologischen Modells der Persönlichkeit kommt der Hirnforscher Gerhard Roth (2014) jedoch zu der ernüchternden Erkenntnis, dass Selbstveränderung im Normalfall, aus bloßer Einsicht in die Notwendigkeit und ohne Unterstützung von außen, etwa durch Coaching, nicht möglich ist. Immerhin kann Yoga in solchen Unterstützungsprozessen eine große Hilfe sein. Wenn es um die Entwicklung der Persönlichkeit geht, ist die Verbindung von Yoga und Coaching sehr wirkungsvoll.

Schließlich hat Yoga, wie alles was wirkt, Nebenwirkungen. In der Presse wurde zum Teil ausführlich über Schädigungen durch Yogaübungen berichtet. In Relation zur Gesamtzahl der Menschen, die Yoga praktizieren, ist die Zahl der Verletzungen allerdings sehr gering. Bei achtsamer Durchführung der Übungen und erfahrenen Lehrern ist Yoga eine vergleichsweise gefahrlose Praxis. Für dieses Buch wurden einfache, leicht im Führungsalltag einsetzbare Übungen ausgewählt.

Gute Führung im 21. Jahrhundert – worauf es jetzt ankommt

Michael Schwalbach

M. Schwalbach, *Gute Führung durch Yoga und Meditation*, DOI 10.1007/978-3-662-48934-5_2

Es gibt zahllose Definitionen und Abgrenzungen von Management und Führung. Ich erspare uns deren Wiedergabe. Denn dieses Buch erhebt keinen akademischen Anspruch, vielmehr geht es um einen pragmatischen Blick auf Führung – und darauf, wie Menschen ihre Führungspersönlichkeit entfalten können.

Führung und Management

John P. Kotter, renommierter Harvard-Management-Professor, hat eine brauchbare Abgrenzung von Führung und Management vorgenommen. Führung und Management können demnach anhand folgender drei Kriterien differenziert werden (Schweinsberg 2014, S. 18):

1. Management setzt den Fokus auf Planung und Budgetierung; Führung formuliert eine Richtung, eine Vision.
2. Management beschäftigt sich mit Organisation und Personalauswahl; Führung versammelt Menschen hinter einer Idee.
3. Management kümmert sich um Controlling und Problemlösung; Führung kümmert sich um Motivation und Inspiration.

In Unternehmen wird beides, Management und Führung, gebraucht. Aber, wie der Führungsexperte Klaus Schweinsberg (2014, S. 19) treffend anmerkt: *„je dichter der Nebel der Ungewissheit, desto höher muss die Dosis Führung sein.“* Führung kommt dabei nicht nur an der Spitze vor, sondern im gesamten Unternehmen. Und dieselbe Person mag sich zeitweise eher in einer Management- oder in einer Führungsrolle wiederfinden.

Durch die Digitalisierung und Globalisierung der Ökonomie ist im 21. Jahrhundert ein Führungsumfeld entstanden, das mit einer vom amerikanischen Militär entwickelten Formel griffig umschrieben wird: **VUCA – volatile, uncertain, complex, and ambigious**.

VUCA

Volatilität, starke Schwankungen, erleben wir beispielsweise an den Finanzmärkten, oder wenn die Preise für Rohstoffe aufgrund von Naturkatastrophen stark steigen. Das Führungsumfeld ist **unsicher**, weil in einer Netzwerkökonomie jederzeit disruptive Geschäftsmodelle entstehen können, die in bestehenden Märkten Anpassungsreaktionen erzwingen. Der Verkauf von Büchern und Kleidung über das Internet sind hierfür Beispiele, die für uns bereits Normalität darstellen. In einer immer stärker vernetzten globalen Wirtschaft steigt die **Komplexität**, da Ursache und Wirkung sowohl zeitlich als auch räumlich weit auseinanderliegen und selbst kleine Ursachen große Wirkung entfalten können. Wenn ein Mitarbeiter einer amerikanischen Fast-Food-Kette in Australien einen Obdachlosen diskriminiert, das belastende Video im Internet kursiert und einen globalen Shitstorm auslöst, so wie im November 2015 geschehen, dann kann das die Konzernzentrale in den USA nicht ignorieren. Natürlich ist Diskriminierung grundsätzlich keine „kleine Ursache“. Das Beispiel soll nur zeigen, wie selbst lokale Einzelaktionen vergleichsweise große Reaktionen auslösen können. Schließlich sehen sich Führungskräfte hoher **Ambivalenz** ausgesetzt, weil mehr denn je erwartet wird, das Führungshandeln an Langfristigkeit und Gemeinwohl auszurichten. Eher kurzfristig ausgerichtete Rentabilitätsziele sind mit langfristigen Nachhaltigkeitszielen in Übereinstimmung zu bringen – Stichwort: Corporate Social Responsibility. Und die Berücksichtigung der Interessen unterschiedlicher Anspruchsgruppen aus Wirtschaft und Zivilgesellschaft wird immer wichtiger für den Vertrauensaufbau und damit den Unternehmenserfolg. Der Aufbau von Windparks ist hierfür ein Beispiel.

Führungswerkzeuge im VUCA-Umfeld

Was ist „gute Führung" im VUCA-Kontext? Wie kann Führungskraft entfaltet werden? Auf diese Frage gibt es keine einfachen Antworten, geschweige denn Patentrezepte. Nur so viel scheint klar: Wenn auch das Bisherige nicht grundfalsch war, so können doch die neuen Führungsfragen nicht mit den bislang genutzten Leadership-Methoden und -Werkzeugen beantwortet werden.

2.1 Ein neues Verständnis von guter Führung

Der Begriff „gute Führung" enthält ein Werturteil. Es überrascht daher nicht, wenn umfangreiche Literatur und große Meinungsvielfalt darüber existiert, was gute Führung ist. Führungsexperten wie Reinhard K. Sprenger oder Prof. Klaus Schweinsberg versuchen, universelle Kernprinzipien oder Wirkmechanismen zu identifizieren, die den Kern zeitlos guter Führung ausmachen. Einzelne Führungskräfte, Personalmanager und Berater akzentuieren die unterschiedlichsten Kompetenzen und Haltungsanforderungen als Basis guter Führung.

Forum Gute Führung

Wenn es um die Antwort auf die Frage geht, wohin sich „gute Führung" in Zukunft vermutlich entwickeln wird, dann kommt es vor allem darauf an, die kollektive Sichtweise der Führungskräfte zu verstehen – sind sie doch die maßgeblichen Takt- und Richtungsgeber in diesem Gestaltungsprozess. Was bei den Führungskräften nicht auf Resonanz trifft, hat für die Weiterentwicklung von Führung wenig Relevanz. Das vom Bundesministerium für Arbeit unterstützte „Forum Gute Führung" hat im Oktober 2014 eine richtungsweisende Studie veröffentlicht. Sie gibt uns ein erstes klareres Bild über die kollektiven Vorstellungen der deutschen Führungskräfte von guter Führung. In der Studie stellen 400 deutsche Führungskräfte ihre Anforderungen an gute Führung dar. Es sind deutliche Muster erkennbar, worauf es nach Ansicht der Führungskräfte bei guter Führung jetzt ankommt (Initiative Neue Qualität der Arbeit 2014):

- **Selbstorganisierte Netzwerke** sind das favorisierte Zukunftsmodell, hierarchische Führung gilt als Auslaufmodell. Von der Organisation in Netzwerkstrukturen werden mehr kreative Impulse, höhere Innovationskraft, Beschleunigung der Prozesse und Verringerung von Komplexität erwartet. Der hierarchischen Organisation wird die Zukunftsfähigkeit abgesprochen.
- **Befähigung** der Mitarbeitenden durch Unterstützung und Begleitung, z. B. durch Reflexionsgespräche, tritt an die Stelle von hierarchisch steuernder Führung. Indem sie „aus dem Weg

treten", aktivieren Führungskräfte die Selbstführung der Mitarbeiter.
- **Diversität und Flexibilität** sind weitgehend akzeptierte Erfolgsfaktoren. Die Förderung von Unterschiedlichkeit ist in den Unternehmen in vollem Gang. Insbesondere die Beiträge weiblicher Erfahrungen zur Führungskultur werden äußerst positiv bewertet. Auch was die Entwicklung beweglicher Führungsstrukturen mit individueller Zeiteinteilung und in wechselnden Teamkonstellationen anlangt, sehen sich die Unternehmen auf einem guten Weg.
- **Adaptionskompetenz** ist das aktuell wichtigste Entwicklungsziel und Erfolg versprechender als langfristige Planungen. Die Fähigkeit, ergebnisoffene Prozesse professionell zu gestalten, ist ein zentrales Merkmal von guter Führung.
- **Kooperationsfähigkeit** hat Vorrang vor traditionellen Wettbewerbsstrategien, die die Grenzen ihrer Leistungsfähigkeit erreicht haben.
- **Einfühlungsvermögen und Reflexionsfähigkeit** werden immer wichtiger. Denn in einer Netzwerkorganisation ist nur mächtig, was auf Resonanz trifft. Die Durchsetzung eigener Vorstellungen über Anweisungen ist oft schon nicht mehr möglich. Persönliches Coaching wird als unverzichtbares Werkzeug für Führung betrachtet.
- Engagement wird an **Sinn, Wertschätzung und Selbstbestimmung**, weniger an materielle Anreize gekoppelt. Autonomie wird wichtiger als Statussymbole und der wahrgenommene Sinnzusammenhang einer Tätigkeit bestimmt den Grad des Engagements.
- **Gesellschaftliche Themen** rücken vermehrt in den Fokus der Aufmerksamkeit von Führung, z. B. der Umweltschutz, oder – ganz aktuell – die Flüchtlingsproblematik.

Paradigmenwechsel in der gewünschten Führungskultur

Zu einem ganz ähnlichen Bild von guter Führung kommen aktuelle Führungsstudien: die weltweite CEO-Befragung der Personalberatung Heidrick & Struggles (2015), die Befragung internationaler Führungskräfte durch die Berater von Korn Ferry (2015) sowie die Befragungen und Diskussionsforen mit Spitzenführungskräften des Leadership-Thinktank des Mercator Capacity Building Centre for Leadership and Advocacy (LEAD). LEAD (2013) gegenüber nennen Topführungskräfte die Fähigkeit zur **Regeneration** als weiteren wichtigen Aspekt guter Führung. Nur so könne mit dem wachsenden Druck umgegangen werden. Offenbar entwickelt sich aktuell ein neues Führungsverständnis. Viele Führungskräfte wünschen sich einen Paradigmenwechsel in der Führungskultur. Von guter Führung in der VUCA-Welt des 21. Jahrhunderts werden andere Führungsergebnisse erwartet als von herkömmlicher Führung (◘ Tab. 2.1).

Leadership-Bubble

Wir erleben gerade das Ende eines **Leadership Bubble** (Senge 2010). Die Historiker sprechen von einem Bubble, einer Blase, wenn

Tab. 2.1 Ein neues Führungsverständnis im 21. Jahrhundert (nach Heidrick & Struggles 2015; Korn Ferry Institute 2015; LEAD 2013)

Herkömmliches Führungsverständnis	Neues Führungsverständnis – welche Ergebnisse soll gute Führung im 21. Jahrhundert bewirken?
Hierarchie	Selbstorganisierte Vernetzung
Monetäre Anreize	Sinnstiftung
Wettbewerb wichtiger als Kooperation	Kooperation wichtiger als Wettbewerb
Planbarkeit	Adaption
Spezialisierung	Kollektive Intelligenz
Standardisierung	Diversität
Anweisung	Befähigung
Rationalität	Nutzung des gesamten Gehirns (mehr emotionale und intuitive Intelligenz)
Mensch als informationsverarbeitende Maschine (Inputorientierung)	Erneuerung und Rhythmus (Outputorientierung)
Blick auf andere (Außenorientierung)	Selbstreflexion (Innenorientierung)

sehr viele Menschen von machtvollen Glaubenssätzen und Wahrnehmungen eingenommen werden. Die Menschen werden dann so stark von der Realität innerhalb der Blase absorbiert, dass es ihnen sehr schwerfällt, Standpunkte außerhalb der Blase zu verstehen und sich eine Alternative jenseits der Blase vorzustellen.

Beispiel Selbstorganisation: Zwar wird ein auf Vernetzung und Selbstorganisation beruhendes Führungsverständnis in den letzten Jahren stark diskutiert – wobei die Grundprinzipien keineswegs neu sind und von einigen sehr erfolgreichen Firmen wie etwa Weight Watchers oder W. L. Gore schon seit Jahrzehnten gelebt werden. Insgesamt bleiben selbstorganisierte Organisationen jedoch die Ausnahme. Die Vorstellung, ohne Hierarchien und Chefs im klassischen Sinne zu operieren, wird von vielen abgelehnt.

Das Bild des Leadership Bubble mag eine Erklärungshilfe sein für die paradoxe Situation, in der Führungskräfte durchaus Selbstorganisation als Zukunftsmodell beschreiben, die Umsetzung allerdings nicht forciert vorantreiben. Ähnliches gilt für die anderen Aspekte des neuen Führungsverständnisses wie Sinnstiftung und Werteorientierung, Kooperation, Befähigung, professionelle Nutzung von emotionaler und intuitiver Intelligenz.

Leadership-Bubble in Auflösung

An einem bestimmten Punkt müssen jedoch die Spannungen und Inkonsistenzen zwischen dem Leben in der Blase und der größeren

2

Realität gelöst werden. Die Blase kann nicht unendlich weiterwachsen. Die E-Commerce- und die Finanzblase sind plastische Beispiele jüngeren Datums für dieses Phänomen. Der aktuell bestehende, noch auf den Erfahrungen des 20. Jahrhunderts beruhende Leadership Bubble ist in Auflösung.

Führung am Muster des Lebens orientiert

Die herkömmliche Vorstellung darüber, wie gute Führung funktionieren kann, trägt nicht mehr. An ihre Stelle tritt etwas Neues. Dieses Neue ist etwas ganz anderes als eine weitere Stufe des Taylorismus, der auf mechanistischen Maximen des Organisierens und Führens beruht. Das neue Führungsverständnis orientiert sich an der größeren Realität, dem „Muster des Lebens". Matthias zur Bonsen beschreibt in seinem Buch *Leading with Life* sehr anschaulich, wie das Leben von Selbstorganisation, Vernetzung, Diversität, Kooperation und Rhythmus geprägt ist (zur Bonsen 2009, S. 37 ff.). Lange Zeit resultierte das mechanistische Verständnis von Führung und Organisation in brauchbaren Ergebnissen. Jetzt, da andere Führungsergebnisse gefragt sind, besinnen wir uns auf die universell geltenden Prinzipien von Lebendigkeit und Ganzheitlichkeit/Holarchie (◘ Abb. 2.1).

Die Umsetzung des neuen Führungsverständnisses ist keine leichte Aufgabe. Zum einen hängt die konkrete Realisierung der gewünschten Selbstorganisation von den spezifischen kulturellen und strukturellen Gegebenheiten einer Organisation, etwa der Zahl der Mitarbeiter, ab. Während einige kleinere Unternehmen wie der Hersteller von Tomatenprodukten Morning Star oder der Computerspieleproduzent Valve bereits selbstorganisierte Systeme sind, werden die großen Konzerne vermutlich nie ganz ohne Linienmanager auskommen. Das Ziel kann hier nur sein, so viel Selbstorganisation wie

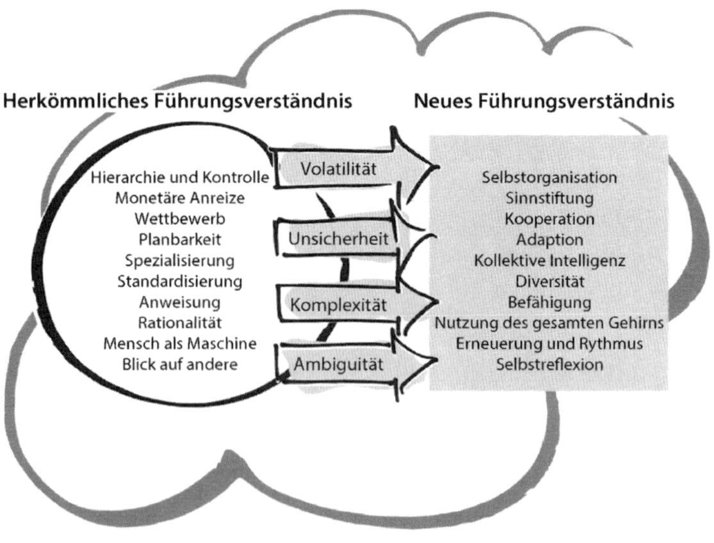

◘ **Abb. 2.1** Führung jenseits des Leadership Bubble

möglich herzustellen. Ferner wird es entscheidend darauf ankommen, wie viel Mut insbesondere die Führungskräfte an der Spitze beweisen, wenn es darum geht, die bisherigen Erfolgsstrategien aufzugeben bzw. zu modifizieren, um einen Musterwechsel der Führung zu erreichen.

Jenseits des Leadership-Bubble

Es gibt bereits eine Reihe von Vordenkern und Unternehmen, die jenseits des aktuellen Leadership Bubble denken und agieren. Diese Akteure stehen für einen Musterwechsel in der Führung, was Einstellung, schwerpunktmäßig benötigte Kompetenzen und Organisationsstruktur betrifft. Sie können gleichsam als Lotsen auf dem Weg zum Neuen fungieren. Einige inspirierende Beispiele möchte ich Ihnen nachfolgend vorstellen.

2.2 Inspirationen für ein neues Führungsverständnis

Die ausgewählten Beispiele – konzeptionelle Überlegungen und praktische Unternehmenserfahrungen – sollen Anregungen liefern, wie das neue Führungsverständnis realisiert werden kann. Die Beispiele stehen in der Regel für jeweils unterschiedliche Führungsergebnisse: Einmal steht etwa Sinnstiftung, ein anderes Mal die Befähigung der Mitarbeitenden oder Selbstorganisation im Vordergrund.

Die selektierten Vordenker sind einerseits in der akademischen Welt zu Hause, agieren andererseits aber auch als Unternehmensberater. Sie haben daher direkten Einfluss auf die Entwicklung praktischer Führungsarbeit und können ihre Konzepte an der Realität erproben.

2.2.1 Die Beispiele im Überblick

Konzepte und Unternehmensbeispiele

Damit Sie die Möglichkeit haben, auf das eine oder andere Beispiel zu fokussieren, folgt zunächst der Überblick. Die Darstellung jedes Beispiels beginnt mit der Überschrift oder Kernaussage. Bei den Führungskonzepten ist dies, sofern vorhanden, der Konzeptname (z. B. Theory U), gefolgt von dem Grundgedanken und Führungsverständnis, das heißt jene Führungsergebnisse, auf die es dem Vordenker oder dem Unternehmen aus Sicht des Autors hauptsächlich ankommt. Schließlich wird bei jedem Beispiel eine Inspiration für gute Führung hervorgehoben.

Vordenker für gute Führung

- **Gary Hamel – ein Rahmen für die Neudefinition von Führung**
  - **Grundgedanke:** Grundzüge einer zukunftsfähigen Führungsqualität.
  - **Führungsverständnis:** Vernetzung, Sinngebung, Befähigung, Reflexionsfähigkeit und Kooperation.

- **Inspiration für gute Führung:** Zukunftsfähige Führung basiert auf Werten, Innovationen, Anpassungsfähigkeit und Leidenschaft.

- **C. Otto Scharmer – Theory U**
  - **Grundgedanke:** Erfolgreiche Führung durch hohe Präsenz und Aufmerksamkeit.
  - **Führungsverständnis:** Vernetzung, kollektive Intelligenz, emotionale und intuitive Intelligenz, Selbstreflexion.
  - **Inspiration für gute Führung:** Eine hohe Qualität von Ergebnislösungen benötigt eine hohe Achtsamkeit und Aufmerksamkeit der Führungskräfte.

- **Gerald Hüther – Supportive Leadership**
  - **Grundgedanke:** Entfaltung der Potenziale der Mitarbeitenden.
  - **Führungsverständnis:** Befähigung und Reflexionsfähigkeit.
  - **Inspiration für gute Führung:** Führung muss zwei grundlegenden menschlichen Bedürfnissen Rechnung tragen: dem Bindungsbedürfnis und dem Wachstumsbedürfnis.

- **Peter Kruse – Beherrschung von Komplexität und Instabilität durch Selbstorganisation**
  - **Grundgedanke:** Nur was auf Resonanz stößt, besitzt Relevanz.
  - **Führungsverständnis:** Selbstorganisierte Vernetzung, Adaption, Sinngebung.
  - **Inspiration für gute Führung**: Das Unternehmen kann als soziales Gehirn betrachtet werden.

Unternehmensbeispiele für Führung jenseits des Leadership Bubble

- **dm Drogerie – Führung befördert die Entwicklung von Persönlichkeiten**
  - **Grundgedanke:** Ein Unternehmen wird durch eine Idee geführt.
  - **Führungsverständnis:** Sinngebung und Werte, Befähigung.
  - **Inspiration für gute Führung:** Veredelung der Lebensbedingungen der Mitarbeitenden.

- **Whole Foods – bewusste Führung auf Basis von Selbstorganisation**
  - **Grundgedanke:** Bewusste Führung gewinnt durch Selbstorganisation mehr Agilität und Effizienz.
  - **Führungsverständnis:** Sinngebung und Werte, selbstorganisierte Vernetzung, Selbstreflexion.
  - **Inspiration für gute Führung:** Liebe als zentrales Managementprinzip.

- **Morning Star – Selbstorganisation für eine agile Organisation**
  - **Grundgedanke:** Selbstorganisation mit Holacracy gewährleistet eine agile und effiziente Organisation.

- **Führungsverständnis:** Selbstorganisierte Vernetzung, Adaption, Sinngebung, Befähigung.
- **Inspiration für gute Führung:** Organisationen sollten wie Wolken sein: Strukturen entstehen und lösen sich aufgrund der Kräfte, die in einer Organisation herrschen.

- **Zappos.com – Lebendige Führung auf Basis von Selbstorganisation**
- **Grundgedanke:** Lebendige Führung gewinnt durch Holacracy mehr Agilität und Effizienz.
- **Führungsverständnis:** Selbstorganisierte Vernetzung, Sinngebung, Adaption.
- **Inspiration für gute Führung:** „Delivering Happiness", auch für die Mitarbeitenden.

2.2.2 Wegweisende Konzepte und Instrumente für gute Führung

Gary Hamel – ein Rahmen für die Neudefinition von Führung

Der Berater und Management-Professor Gary Hamel ist einer der einflussreichsten Vordenker, die eine Veränderung in der Führungskultur befördern wollen. Laut Hamel (2012) kann der Weg zum Unternehmen der Zukunft nicht über Führungsinstrumente von gestern führen. Es wird eine neue Führungsqualität benötigt, um für die Zukunft gewappnet zu sein.

Damit der Wandel in der Führungskultur auf breiter Basis unterstützt wird, hat Gary Hamel eine Online-Community gegründet. Das Portal „Management Innovation Exchange (MIX)" lädt Führungskräfte ein, ihre Ideen zur Gestaltung zukunftsfähiger und menschlicher Organisationen miteinander zu teilen. Gary Hamel hat 25 grundlegende Ideen für erfolgreiche Führung im 21. Jahrhundert zusammengestellt. Die *„moonshots"*, wie er seine Ideen nennt, sind in 6 Führungsanforderungen gebündelt (Hamel 2012): MIX

1. **Menschlichere Ausrichtung der Organisation:** Dies wird erreicht durch eine menschlichere, weniger technisch verklausierte Sprache sowie durch Sinn- und Werteorientierung.
2. **Mehr Entfaltungsmöglichkeiten für die Menschen zulassen:** Dies verlangt mehr Vertrauen, weniger Kontrolle sowie mehr Vernetzung und Diversität.
3. **Kreativität und Innovation stärken:** Es geht darum, Anregungen aus allen Hierarchieebenen und auch von außen aufzunehmen, Politik und Strukturen abzubauen, mehr Austausch von Ideen zu betreiben sowie das Denken und Handeln weniger an den Konzepten der Vergangenheit auszurichten.

4. **Offenheit im Denken befördern:** Die Weiterbildung soll stärker an Reflexion und dem Denken in Systemen ausgerichtet sein. Führungskräfte in Netzwerken müssten vor allem die Gemeinschaft energetisieren und vergrößern, statt „von oben" zu führen.
5. **Die Macht mehr verteilen:** Flexible, an der Aufgabe orientierte Hierarchien erlauben den „demokratischen" Zugang zu Informationen. Die Mitarbeiter erhalten mehr Autonomie. Die Führungskraft gilt als Inspirator und Mentor. Das Ziel sollte nach Hamel eine Organisation sein, in der Führungskräfte jeden weiterbrächten (lift everyone up).
6. **Mehr Balance schaffen:** Hamel plädiert für eine holistische Erfolgsmessung, die z. B. langfristige und externe Effekte stärker berücksichtigt. Mit den Spannungen (kurz- versus langfristig, Wettbewerb versus Kooperation, Struktur versus Emergenz) soll besser umgegangen werden. Und unser Führungsdenken und -handeln sollte langfristiger ausgerichtet sein.

Nach Hamels Führungsverständnis wird zukünftig Engagement und gemeinsame Handlungsausrichtung (commitment and alignment) erzeugt, ohne auf die Methoden bürokratischer Kontrolle zurückzugreifen. Vernetzung, Sinngebung, Befähigung, Reflexion und Kooperation sind die Ergebnisse, die von Führung erwartet werden. Dadurch entstehen zukunftsfähige Organisationen mit hoher Anpassungsfähigkeit und Innovationskraft.

C. Otto Scharmer – Theory U: Führen mit hoher Achtsamkeit und Aufmerksamkeit

Der blinde Fleck in der Führung

Otto Scharmer ist der Leiter des Leadership Lab des MIT in Boston. Scharmer hat mehr als 10 Jahre nach der Antwort auf die Frage geforscht, was erfolgreiche Führung ausmacht. Er ist davon überzeugt, dass der Führungserfolg von der Achtsamkeit und Aufmerksamkeit abhängt, mit welcher die Akteure in einem System die Probleme behandeln. Laut Otto Scharmer (2014a) hängt die Führungsqualität also mit der inneren Verfasstheit von Führungskräften zusammen. Führungskräften mangele es oft am Wissen und dem Gebrauch dieser inneren Qualitäten. Dies sei der „blinde Fleck" zukunftsfähiger Führung und Veränderungsgestaltung. Auf Basis dieser Grundüberzeugung hat Scharmer ein Vorgehensmodell entwickelt, das er **Theory U** nennt. Mit dem Vorgehen gemäß der Theory U erzielen Führungskräfte nach Scharmers Überzeugung bessere Ergebnisse, weil sie sich selbst und die Menschen in ihrer Organisation mit ihren inneren Qualitäten in Verbindung bringen. Dadurch können sie die jeweilige Führungsfragestellung mit mehr Achtsamkeit und Aufmerksamkeit behandeln (Scharmer 2014b).

Präsenz und Offenheit für Neues

Das „U" beschreibt bildlich den Prozessverlauf der gemeinsamen Erarbeitung einer Problemlösung: Die Beteiligten gehen weg von der Denkweise „ich kenne das, ich weiß das", indem die Wirklichkeit detailliert und möglichst vorurteilsfrei, gewissermaßen mit neuen Augen, betrachtet wird. Alte und bekannte Vorstellungen werden losgelassen. Durch vertiefte Wahrnehmung, Klärung der Sinnfrage des Vorhabens, starke Präsenz und große Offenheit für Neues können völlig neue, kreative Lösungen für das Führungsproblem gefunden werden. Die Entscheidung darüber, wohin die Reise gehen soll – den Entscheidungspunkt markiert bildlich gesprochen der tiefste Punkt des „U" –, wird nicht nur auf Basis analytischer Erwägungen getroffen. In dieser Phase der Verinnerlichung wird den emotionalen und mehr noch den intuitiven Aspekten der Entscheidungsfindung Raum gegeben. Scharmer spricht von der kollektiven Intuition, die nutzbar gemacht wird. Danach führt der Prozess die Beteiligten wieder nach außen, auf die rechte Seite des „U". Es geht jetzt darum, Schritt für Schritt die Problemlösung zu konzeptionieren und zu realisieren (◘ Abb. 2.2).

Den Kern des Theory-U-Prozesses bildet das **Presencing** (Scharmer 2014b). Mit dem Begriff des Presencing, der sich aus Presence und Sensing zusammensetzt, verbindet Scharmer Gegenwart und Zukunft. Präsenz in der Führung heißt, sich von bekannten Gedankenmustern zu lösen und sich vorurteilsfrei einer Fragestellung (oder Personen) zu nähern. Nur so wird das Sensing ermöglicht, die Fähigkeit, bei sich selbst und der Umwelt etwas Neues wahrzunehmen, etwas neu wahrzunehmen und mit allen Sinnen zu erspüren, was sich anbahnt und entwickelt. Vielleicht tauchen jetzt Fragen auf, die noch nie gestellt wurden, oder es ergeben sich völlig neue Antworten auf eine alte Frage. Wichtig ist hier, den Kern zu erfassen, Wesentliches

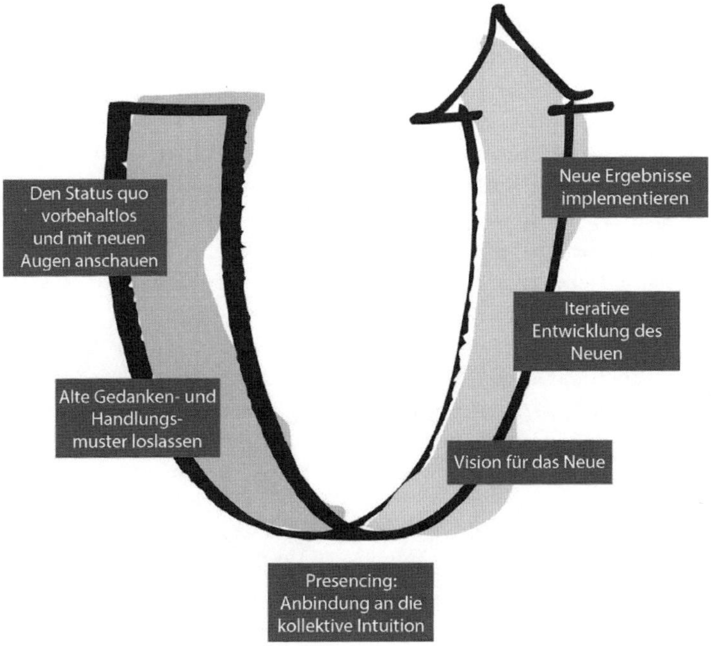

◘ **Abb. 2.2** Der Prozess der Theory U

von Unwesentlichem zu trennen und den Fokus für zukunftsorientiertes Handeln klar zu erkennen. Presencing kann man sich als ein Wechselspiel von Loslassen und Aufnehmen vorstellen.

Presencing: Presence + Sensing

In der Phase des Presencing erleben die Menschen eine neue Qualität des Miteinanders. Um dies zu beschreiben, entlehne ich mir gerne ein treffendes Bild von Ulrich Weinberg, Direktor des Hasso Plattner Instituts (HPI) in Potsdam (TED^xBerlinSalon 2015). Wir sprechen oft von der vernetzten Gesellschaft und Wirtschaft. In Wahrheit sind aber nicht wir Menschen vernetzt, sondern die Maschinen, unsere Smartphones, Tablets und PCs. Unser Denken und Handeln ist nach wie vor geprägt von dem Leitmotiv individueller Leistung im Wettbewerb gegen andere. Dafür steht der „IQ" mit dem Ich, dem „I". Beim Presencing sind die Köpfe und auch die Herzen der Menschen miteinander verbunden, es entsteht ein „WeQ".

Führen durch Presencing, mit Anbindung an die kollektive Intuition, heißt für Scharmer von der Zukunft her führen – nicht geprägt von Erfahrungen der Vergangenheit und den damit verbundenen Gedankenketten und Glaubenssätzen. So können Potenziale und Zukunftschancen erkannt und im Hinblick auf aktuell anstehende Aufgaben erschlossen werden.

Presencing für Veränderungsvorhaben und Innovation

Besonders hilfreich ist das Scharmersche Vorgehensmodell bei zwei zentralen Daueraufgaben moderner Führung: die erfolgreiche Gestaltung von kollektiven Veränderungen und die Beförderung kollektiver Wissensschöpfung bzw. Innovation. Der U-Prozess kann grundsätzlich in allen Beziehungskonstellationen, also auch im Zweiergespräch, verwendet werden. Seine stärkste Kraft entfaltet dieser Prozess der Führung allerdings in größeren Gruppen, wenn eine hohe Vernetzungsdichte und Energie im Miteinander entsteht. Das Vorgehensmodell der Theory U wurde bereits weltweit in zahlreichen Unternehmen und Institutionen eingesetzt.

Es ist nicht leicht, die kraftvolle Wirkung der Theory U und speziell des Presencing zu beschreiben. Häufig geraten die Beschreibungen abstrakt. Es ist, als wolle man die Wirkung einer Yogastunde beschreiben, die letztlich nur auf Basis von Erfahrung verstanden werden kann. Daher versuche ich hier die knappe Schilderung einer konkreten Projekterfahrung.

Wir wurden gebeten, die strategische Neuausrichtung einer Inhouse-Beratung eines DAX-Unternehmens, die ca. 80 Mitarbeiter umfasste, zu unterstützen. Zunächst ging es darum, den Status quo der Organisation und der Performance zu analysieren. Wichtig dabei war, die aktuelle Situation so anzuschauen, wie sie wirklich war. Dazu wurden die vorab eingeholten Einschätzungen wichtiger Kunden und Stakeholder, z. B. Bereichsleiter und Vorstände des Unternehmens, einbezogen. Häufig agieren wir im Modus des Downloading, in dem alle Gespräche und Beobachtungen letztlich nur das bestätigen, was wir ohnehin schon wussten. Im Theory-U-Prozess kommt es aber darauf an, die relevanten Sachverhalte möglichst wirklichkeitsnah anzuschauen.

Theory U in der Praxis

Ein Beispiel: Die Berater hatten von sich das Bild, konzeptionell starke Strategieberatung durchzuführen; wichtige Kunden nahmen jedoch eher die Umsetzungskompetenz der Berater wahr und schätzten diese auch besonders. Damit wurde das Selbstverständnis vieler Berater auf eine harte Probe gestellt.

Zu Beginn des Prozesses lösen sich also die Beteiligten von den alltäglichen Denk- und Bewertungsmaßstäben, die Wahrnehmung von Details wird schärfer. Dazu ist es notwendig, dass alle Beteiligten die übliche Höchstgeschwindigkeit des eigenen Tuns unterbrechen und auf die Bremse treten. Wenn Sie in Ihrem Auto mit Vollgas unterwegs sind, können Sie keine Details in der Landschaft wahrnehmen. Erfahrungsgemäß stellt diese Entschleunigung eine der größten Herausforderungen für alle Beteiligten im gesamten Prozess dar.

Dann erarbeiteten die Berater mit hoher Vernetzung und auf Basis offener Gespräche eine Reihe von Szenarien und Optionen für die zukünftige Entwicklung ihrer Organisation. Unterstützt durch ausgewählte Interventionen wurden gemeinsame Erfahrungen gemacht und mehr Reflexionspausen durchgeführt als im Arbeitsalltag gewohnt.

In der Phase des Presencing vertieften sich Achtsamkeit und Aufmerksamkeit der Beteiligten für die Problemstellung noch weiter. Zunächst ging es darum, für jeden einzelnen und für die Gruppe den tieferen Sinn des Veränderungsvorhabens zu verinnerlichen. „Wer bin ich/Wer sind wir“ und „Was ist meine/unsere Aufgabe?“, waren die zentralen Reflexionsfragen. Nachdem der Optionenraum für die Veränderung definiert und die Sinnfrage beantwortet worden war, ging es jetzt für die Inhouse-Berater um die Entscheidung, wie es mit der Neuausrichtung ihrer Organisation weitergehen solle. Mit einer gemeinsamen Bewegungsmeditation wurde der Gruppe die Gelegenheit gegeben, Presencing zu erleben.

Presencing – eine tief greifende Erfahrung

Viele Workshop-Teilnehmer, darunter auch der Leiter der Inhouse-Beratung, berichteten später, dies sei für sie eine tief greifende Erfahrung gewesen. Glücksforscher wird dies nicht wundern: Wie sie herausfanden, führt die Kombination einer gemeinsamen Absicht, die über den Einzelnen hinausweist (hier: die Organisation strategisch und organisatorisch neu aufzustellen), mit der Synchronisation von Körperbewegungen zu erhöhtem Glücksempfinden. Ähnliche Erfahrungen können wir machen, wenn wir ein Musikkonzert besuchen (die gemeinsame Absicht) und unsere Arme im Gleichklang mit den anderen Besuchern über dem Kopf bewegen.

Nach der Meditation, in einem Moment entspannter Stille und hoher Konzentration, wurde die Frage in den Raum gestellt: „Wie geht es jetzt weiter?“ Dabei galt es, der Versuchung zu widerstehen, sofort Antworten liefern zu wollen, sondern die Stille für einige Zeit auszuhalten.

Wenn alle Beteiligten hoch konzentriert wahrnehmen und ihrer Intuition Raum geben, können völlig neue und kreative Antworten oder Fragen zur Problemstellung entstehen. In der Presencing-Phase entscheidet sich auch, ob gemeinsame Verantwortung und Commitment für die Aufgabe entstehen.

Im darauf folgenden Schritt (des Theory-U-Prozesses) ging es darum, Initiativen für die Konkretisierung der gewünschten Neuausrichtung und die Umsetzung zu definieren. Die Konkretisierung ist ein iterativer und extrem auf die Bedürfnisse des Kunden ausgerichteter, Planungsprozess. Durch Stakeholder-Gespräche wurden die neuen Vorstellungen der organisationalen und strategischen Ausrichtung mehrmals an den Kundenwünschen und den Anforderungen des Gesamtunternehmens gespiegelt und sukzessive konkretisiert. Erst danach wurde die Neuausrichtung vollständig mit der neuen Energie, im offenen Prozess, umgesetzt.

Die Führungsmethode Theory U von Otto Scharmer ist Ausdruck eines Führungsverständnisses, das den Aspekten Vernetzung, kollektive Intuition und Selbstreflexion einen hohen Stellenwert beimisst.

Gerald Hüther – Supportive Leadership

Das Führungskonzept „Supportive Leadership" des Hirnforschers Gerald Hüther beruht auf neurobiologischen und psychologischen Erkenntnissen (online unter: http://www.gerald-huether.de/). Unterstützende Führung trägt zwei grundlegenden menschlichen Bedürfnissen Rechnung. Unserem Bindungsbedürfnis, der Sehnsucht nach Verbundenheit bzw. dem Wunsch der Zugehörigkeit, sowie unserem Wachstumsbedürfnis, dem Willen nach Wachstum bzw. dem Wunsch, immer wieder über uns hinauszuwachsen.

Die Säulen der Potenzialentfaltung

Kernstück des Führungskonzeptes ist die weitgehende Abkehr von Sanktionen und Angsterzeugung als Führungsinstrument. Es geht Gerald Hüther (2009) stattdessen um die Entfaltung der Potenziale. Das Supportive-Leadership-Konzept besteht aus **drei Säulen**:

1. **Einladen:** Im Gegensatz zu äußeren Motivationsanreizen wie Belohnung und Bestrafung laden supportive (unterstützende) Leader ein, sich auf eine Aufgabe einzulassen. Solche Führungskräfte schaffen es, Menschen auf der Gefühlsebene anzusprechen. Sie machen den Geführten klar, dass es ihnen am Herzen liegt, wenn sie sich auf eine neue Aufgabe einlassen. Dies ist kein leichtes Unterfangen, wenn es noch diejenigen einzuladen gilt, die am meisten Probleme bereiten – die unmotivierten, entmutigten, resignierten, nur noch auf ihr eigenes Wohlergehen fokussierten, desinteressierten und jede Veränderung ablehnenden Mitarbeiter. Darin liegt auch die größte Herausforderung für Führungskräfte. Viele Führungskräfte, die sich auf diesen Weg begeben, überdenken deshalb zunächst ihre Haltung und lassen sich ganz neu auf Menschen ein. Nur ein Leader, der seine Mitmenschen wertschätzt, und Ja sagen kann zu den Unterschieden, kann auch unterstützend tätig werden.
2. **Ermutigen:** Supportive Leaders ermutigen ihre Mitarbeitenden, sich auf eine Aufgabe oder eine Problemstellung einzulassen. Sie

vertrauen ihren Mitarbeitenden, bestärken sie, reflektieren hinderliche Glaubenssätze und vertrauen darauf, den richtigen Weg und eine gute Lösung zu finden.
3. **Inspirieren:** Bei der unterstützenden Führung geht es darum, Mitarbeitende um der Sache willen für etwas zu begeistern. Führungskräfte sind ihren Mitarbeitenden Sparringspartner, Begleiter und Berater. Gelegentlich dosieren sie ihre Interventionen sparsam, in der konstruktiven Auseinandersetzung agieren sie energievoll, mit Mut zur Entscheidung.

Orientierung an yogischer Grundhaltung

Das Konzept des Supportive Leadership ist neurowissenschaftlich begründet. Interessanterweise kommt die damit verbundene Führungshaltung nach Aussage von Gerald Hüther (2009, S. 1) der ethischen Grundhaltung des indischen Yogi Paramahansa Yogananda, den Steve Jobs tief verehrte, sehr nahe. Hüther ist vom ökonomischen Nutzen unterstützender Führung überzeugt: *„Das wichtigste Potenzial eines Unternehmens sind [...] nicht die Mitarbeiter per se, sondern all jene Führungskräfte, die in der Lage sind, ihre Mitarbeiter zur Entfaltung ihrer Potenziale einzuladen, sie zu inspirieren und in ihren Unternehmensbereichen einen kreativen Geist zu wecken, der von Zugehörigkeitsgefühl und Leistungsbereitschaft geprägt ist. In einem supportiven Führungssystem entwickeln Mitarbeiter von sich aus die nötige Selbstdisziplin, um ihre Arbeit gut zu machen. Sie denken mit, gestalten mit, legen Teamgeist und Kreativität an den Tag. Die Führungskraft hat dann auch wieder Zeit, das Unternehmen nach vorne zu bringen. Aber dieser neue Geist wird nicht vom Himmel fallen. Man muss ihn erwecken. Und zwar zunächst im eigenen Kopf.“*

Gerald Hüther tritt für eine Führung ein, die vor allem auf Befähigung und Selbstreflexion setzt.

Peter Kruse – Beherrschung von Komplexität und Instabilität durch Selbstorganisation

Herausforderungen für vernetzte Führung

Der kürzlich verstorbene Psychologe und Unternehmensberater Peter Kruse hat bereits vor mehr als 10 Jahren die veränderten Anforderungen an gute Führung wahrgenommen und beschrieben, lange bevor die VUCA-Formel in Deutschland bekannt wurde. Ausgangspunkt seiner Überlegungen war die zunehmende Vernetzung in Gesellschaft und Wirtschaft (Kruse 2010). In diesem veränderten Kontext sehen sich Führungskräfte laut Kruse drei großen Herausforderungen ausgesetzt (nextpractice GmbH 2015):

Gemeinsames Reflektieren und Nachdenken

1. **Umgang mit Komplexität und Instabilität:** Die hohe Dichte und Dynamik der Vernetzung, so Kruse, verstärken die Unsicherheit und erhöhen die Komplexität. In Netzwerken existieren keine einfachen Ursache-Wirkungs-Zusammenhänge. Auch kleine Ursachen können große Wirkungen auslösen. Die nicht lineare Dynamik bringt ferner unvorhersagbare kreative Sprünge und verlangt von Organisationen Anpassungsreaktionen in einer nie dagewesenen Geschwindigkeit.

Wer hätte etwa vor 10 Jahren den Einstieg von Apple ins Bankengeschäft prophezeit? Und hätten wir damals geahnt, selbstfahrende PKW von Google auf den Straßen zu sehen? Weil es zunehmend schwer wird, Führungsentscheidungen zu begründen, liegt der Mehrwert von Führung zukünftig nicht mehr auf der Entscheidungskompetenz. Die Art des Wissens, die beim Handeln hilft (Verfügungswissen) verliert an Bedeutung. Führung in Netzwerken braucht sehr viel mehr eine Form des Wissens, die die Rahmenbedingungen des Handelns verstehen hilft (Orientierungswissen). Benötigt wird vor allem eine gemeinschaftliche Form des Reflektierens und Nachdenkens. Für Führungskräfte geht es darum, Einstellungs- und Handlungsmuster zu erkennen, die sie in die Lage versetzen, Entscheidungen sauber zu treffen. Die Führungskraft ist nicht mehr Planer erfolgreicher Umsetzungsprozesse, sondern Partner für Reflexion, um den Kontext besser zu verstehen. Was von Führung im Sinne das Orientierungswissens gebraucht wird, um in komplexen und instabilen Systemen zu steuern, beschreibt Peter Kruse (2010, S. 48) mit der Metapher des Segelns: *„Das Boot befindet sich in fremden Gewässern auf der Suche nach unbekannten Küsten. Steuern und Regeln sind nicht möglich. Es gibt keine Seekarten und kein ortsbezogenes Vorwissen, an dem sich Handeln orientieren kann. Die Situation ist komplex und instabil. Es bleibt nur die Entwicklung von Visionen, das Vertrauen auf Intuition, die Sensibilisierung für die Wahrnehmung aktueller Gegebenheiten und das bewegliche Sich-Einlassen auf jede noch so kleine Veränderung.“* Kruse schätzt Achtsamkeit als Führungsfähigkeit genauso wie Otto Scharmer.

Resonanz im Netzwerk

2. **Machtverlagerung:** Führungskräfte bestimmen zwar noch, wo es langgeht, aber es wird immer wichtiger, andere mit einzubeziehen. Nicht mehr derjenige ist mächtig, der oben steht, sondern derjenige, der im Netzwerk Bedeutung bekommt. Nur was auf Resonanz stößt, besitzt Relevanz. Nicht mehr der Sender, sondern der Empfänger macht etwas bedeutungsvoll. Die Entwicklung in den Organisationen ähnelt der im Internet, wo eine Machtverschiebung vom Produzenten hin zum Käufer stattfindet.

Sinnstiftung

3. **Identitätsverlust:** Die Identitätskerne der Unternehmen lösen sich langsam auf. Menschen sind mehr durch Sinnempfinden an die Organisation/das System gekoppelt als über eine strukturelle Zugehörigkeit. Unternehmen kooperieren horizontal und vertikal. Das identifikationsstiftende System geht über die Unternehmensgrenzen hinaus, die Systemgrenzen erweitern sich. Damit verliert der Identitätskern einer Organisation, mit dem sich die Menschen früher verbunden fühlten, deutlich an tragender Kraft.

Für die Menschen geht es heute nicht mehr um die Frage, ob eine Führungskraft, der sie folgen können, interessant ist. Die Menschen fragen sich eher, was für sie im Moment sinnvoll ist, wo sie Resonanz erzielen. Die Menschen denken weniger in Karriereschritten innerhalb einer Unternehmensstruktur, sie denken vielmehr in individuellen Lernwegen. Sie überlegen, wie sie ihren Lernweg zusammen mit anderen im Netzwerk am besten gestalten können. Sie werden, wenn sie etwas Kompetentes anzubieten haben, sehr schnell wechselbereit sein. Im Beratungsmarkt ist diese Entwicklung bereits erkennbar. Dort etablieren sich zunehmend Netzwerke, in denen sich freie Berater auf gemeinsamer Wertebasis zusammenfinden und projektweise, je nach geforderten Kompetenzen, kooperieren.

Basierend auf seinem fundierten Wissen über dynamische Systeme kommt Peter Kruse zu der Erkenntnis, den Herausforderungen komplexer und instabiler Situationen könne nur mit mehr Selbstorganisation und Sinnstiftung begegnet werden. Idealerweise beherrschten Organisationen das Changieren zwischen hierarchischen und selbstorganisierten Strukturen, in Abhängigkeit der Führungsfragestellung. Wobei Peter Kruse kein Fantast war und wusste, dass ein Realisieren Zeit benötigen würde.

Zusammengefasst kann das Führungsverständnis von Professor Kruse mit den Begriffen Vernetzung, Adaption und Sinngebung umschrieben werden.

Neben den genannten Vordenkern gibt es eine Reihe von Unternehmen, die den Paradigmenwechsel in ihrer Führungskultur und -struktur bereits vollzogen haben – oder mitten in dessen Umsetzung begriffen sind. In diesen Organisationen werden vielleicht nicht alle, aber doch ein Großteil jener Führungsergebnisse realisiert, die gute Führung im 21. Jahrhundert ausmachen.

2.2.3 Ermutigende Unternehmensbeispiele für gute Führung

dm Drogerie – Führung befördert die Entwicklung von Persönlichkeiten

Im Verlauf eines Führungskräfte-Workshops bei einem florierenden mittelständischen Unternehmen kommt es zum Vier-Augen-Gespräch zwischen dem Moderator und dem Sprecher der Geschäftsführung. Der Zusammenhang von Führungskultur und Geschäftserfolg wird beleuchtet. „*Ich glaube*", so der Geschäftsführer, „*wer mit seinem Unternehmen erfolgreich ist und sehr viel Geld macht, der knechtet letztlich seine Mitarbeiter.*" Daraufhin erhält er vom Moderator die Empfehlung, die Geschichte der dm-Drogerie etwas näher zu studieren.

dm ist eine deutsche Drogeriemarktkette mit europaweit 55.000 Mitarbeitern in über 3.200 Märkten, die im Jahr 2014 einen Umsatz von mehr als 7 Mrd. € erzielten. Kein Handelsunternehmen in Deutschland ist so häufig auf den Spitzenpositionen von Kunden- und Mitarbeiter-Rankings vertreten wie der dm-Drogeriemarkt. Mit welcher Führungs- und Unternehmenskultur hat dm diese enormen Erfolge erzielt?

Die Frage nach dem Warum und Wozu

Das Führungsverständnis bei dm ist geprägt von einer Grundüberzeugung, die der Unternehmensgründer Götz W. Werner (2013, S. 105 ff.) wie folgt ausdrückt: „*Der Mensch sucht genau genommen nur zwei Dinge: Orientierung und Sinn. Der moderne Führer beantwortet nicht die Wie-Frage, sondern die Warum- und Wozu-Frage.*" Auf die Warum-Frage von dm gibt Werner eine inspirierende Antwort (Richter 2014, S. 1): „*Wenn ich durch meine Arbeit die Lebensbedingungen meiner Kunden – und zwar aller drei Kunden [Kunden, Mitarbeitende, Lieferanten – Anm. der Verf.] – veredeln kann, bekommt die Sache einen Maßstab. Damit ist nicht gesagt, ob ich alles richtig mache. Aber ich habe zumindest einen Maßstab. Denn ein Unternehmen wird geführt durch die Idee.*" In Werners Worten kommt eine Vision zum Ausdruck, die weit über das Geldverdienen hinausgeht. Dazu Erich Harsch (2015, S. 1), Vorsitzender der dm-Geschäftsführung: „*Wir bei dm wollen zu Wohlbefinden und Wohlstand beitragen und durch unser soziales und kulturelles Engagement mit dafür sorgen, dass die Rahmenbedingungen in Deutschland und Europa für eine soziale Marktwirtschaft auf demokratischer Grundlage gewährleistet sind.*"

Dialogische Führung

Im Arbeitsalltag muss eine Führungskraft aus Sicht von Werner die Gefühle der Menschen respektieren und wertschätzen, aber auch mit ihnen umgehen und sie anregen, sich in neue Richtungen zu bewegen. Dazu ist es erforderlich, die Eigentümlichkeit jedes Menschen anzuerkennen und mit den individuellen Wesenszügen der Beteiligten umzugehen. Diese Führungshaltung, **dialogische Führung** genannt, ist kein Selbstzweck. Vielmehr sollen dadurch möglichst viele Mitarbeitende zu „Unternehmern im Unternehmen" werden und als solche fruchtbar zusammenarbeiten.

Ein plastisches Beispiel, wie dm den zusammenarbeitenden Menschen hilft, ihre unternehmerischen Fähigkeiten zu entwickeln, ist der Ausbildungsbestandteil **LidA – Lernen in der Arbeit** (Purps-Pardigol 2015). Im Jahr 1985 hat die Drogeriemarktkette begonnen, junge Menschen auszubilden. Einige Jahre auf herkömmliche Weise, doch zur Jahrtausendwende änderte sich der Fokus: Die Auszubildenden sollten ein deutlich höheres Maß an Selbstwirksamkeit erleben, weniger belehrt werden und eigenständiger lernen. dm orientiert sich an der Weisheit des Konfuzius (Purps-Pardigol 2015, S. 1): „*Sage es mir und ich werde es vergessen, zeige es mir und ich werde mich daran erinnern, lasse es mich tun und ich werde es verstehen.*" Inzwischen haben bereits über 11.000 junge Menschen dieses wirksame Ausbildungskonzept erfahren.

LidA

In der Praxis funktioniert LidA folgendermaßen: Der Ausbilder überträgt dem Lehrling eine Aufgabe und lässt ihn – wenn es etwas Schwieriges ist – zuerst theoretisch erarbeiten, wie er die Aufgabe lösen würde. Dann reflektieren Ausbilder und Lehrling den möglichen Lösungsweg, und im Anschluss beginnt der Lehrling mit der Umsetzung. Leichtere Aufgaben kann er ohne die anfängliche Reflexionsphase beginnen. Ansätze zur Lösung findet der Lehrling beispielsweise im firmeneigenen Intranet, in Mitarbeiter- oder Kundenzeitungen bzw. in verschiedensten Arbeitsmaterialien. Die Auszubildenden werden ermutigt, Fehler zu machen, aus denen gelernt werden kann. Bei dm geht der Blick nicht nur in Richtung Förderung von Kompetenz, es soll auch die Entwicklung von Persönlichkeiten ermöglicht werden. Diese Entwicklung wird unter anderem durch Theater-Workshops gefördert. In den ersten beiden Lehrjahren nimmt jeder Lehrling an insgesamt zwei dieser Workshops teil.

dm-Geist

Eine weitere Initiative, um den Mitarbeitenden Orientierung und Sinn zu vermitteln, ist der im Jahre 2010 ins Leben gerufene Arbeitskreis „dm-Geist". Die Ausgangsfrage war, wie trotz des Ausscheidens von Unternehmensgründer Werner und dem starken Unternehmenswachstum die Führungs- und Unternehmenskultur erhalten werden könne. In den Arbeitskreis „dm-Geist" kann sich jeder Mitarbeiter einbringen. Inzwischen gibt es eintägige Foren als Möglichkeit vertiefender Arbeit, die mehrfach pro Jahr an verschiedenen Orten stattfinden. Bei diesen Veranstaltungen begegnen sich die Teilnehmer hierarchiefrei – man setzt auf die Selbstorganisation und Eigenverantwortung der Teilnehmer. In den Arbeitskreisen werden konkrete Fragestellungen aus dem Alltag eingebracht und bearbeitet, beispielsweise die „Freundlichkeit der Mitarbeiter" oder „Entscheidungsfindungen im Team". Daraus können wiederum eigene kleine Initiativen entstehen. So wurden im Anschluss an ein Forum „Freundlichkeits-Videos" gedreht und anschließend im Intranet veröffentlicht. Darin wurden Mitarbeiter im Unternehmen befragt, was ihnen dieses Thema bedeutet. Es kam ein Prozess in Gang, der bei vielen Mitarbeitenden das Bewusstsein für den freundlichen Umgang miteinander wieder weckte.

Selbstorganisation bei dm

Bei dm wird offenbar Supportive Leadership praktiziert und das Unternehmen verfolgt hohe Werte. Das Führungsverständnis ist geprägt von Sinngebung, Wertorientierung und Befähigung. Die dm-Führungsstruktur entspricht noch eher dem herkömmlichen, hierarchischen Führungsverständnis. Es ist aber eine Entwicklung zu mehr Selbstorganisation erkennbar. So erhielten die Filialen im Laufe der letzten Jahren stärkere Eigenverantwortung, bestimmen nun z. B. über Dienstpläne selbst. Bei Gehaltserhöhungen können Arbeitsgemeinschaften der Mitarbeiter bzw. einzelne Filialen mitentscheiden, wie diese verteilt werden oder ob das Geld investiert bzw. anderweitig verwendet werden soll.

Blicken wir nun auf drei Unternehmen, die auf Selbstorganisation bei ihrer Führungs- und Organisationsstruktur setzen. Zwei der Beispielunternehmen nutzen Holacracy, eine neue Methode des vernetzten Führens und Arbeitens.

Whole Foods – bewusste Führung auf Basis von Selbstorganisation

Whole Foods ist der größte Einzelhändler von Bio-Nahrungsmitteln in den USA und Weltmarktführer. Das Unternehmen beschäftigt ca. 90.000 (Teilzeit-)Mitarbeiter und generierte im Jahr 2014 in seinen ca. 430 Läden einen Umsatz von 14 Mrd. US $. Jeder dieser Läden ist eine selbstorganisierte Einheit, die aus etwa acht Bereichen (z. B. Produktion, Meeresfrüchte und Kasse) besteht. Die Zentralfunktionen sind nach traditionellen pyramidalen Strukturen organisiert. Allerdings sollen die Führungskräfte in diesen Funktionsbereichen den Mitarbeitenden möglichst viel Eigenverantwortung überlassen und dazu beitragen, deren Eigeninitiative und Kreativität zu steigern. Bei Whole Foods spricht man von **Empowerment**, was den Vorstellungen der Supportive Leadership oder der dialogischen Führung sehr nahe kommt.

Whole Foods bezeichnet sich selbst als wertorientierte, „*mission-driven company*". John Mackey, Mitgründer und Co-CEO von Whole Foods, ist ein Protagonist der Conscious-Capitalism-Bewegung in den USA. In dem Buch *Conscious Capitalism* erläutert er seine Führungs-, Unternehmens- und Wirtschaftphilosophie (Mackey und Sisodia 2013).

Liebe als Führungsprinzip

Bei Whole Foods findet das Leitbild des Conscious Capitalism seinen Niederschlag in einem Führungsverständnis, das mit dem Begriff **Conscious Leadership** umschrieben wird. Whole Foods nennt Liebe explizit als Führungsprinzip. Ja, Liebe, Sie haben richtig gelesen (Whole Foods 2016, S. 1, Übers. des Verf.): „*Mit großem Mut, großer Integrität und Liebe stehen wir zur unserer Verantwortung, eine Welt gemeinsam zu erschaffen (co-create) in der jeder von uns, unsere Gemeinschaften und unser Planet aufblühen können.*" Wie bei dm weist der Unternehmenszweck weit über das Geldverdienen hinaus.

Die überwiegend auf Selbstführung ausgerichtete Conscious Leadership bei Whole Foods (2015) basiert auf vier Führungsgrundsätzen (Übers. d. Verf.):

1. Wir sind geleitet von einer Bestimmung.
2. Wir schaffen Wert für verschiedene Stakeholder.
3. Wir sind gekennzeichnet durch bewusste, dienende Führung.
4. Wir zelebrieren eine Kultur von Sinn und hoher Energie.

Conscious Leadership umfasst ferner einen Verhaltenskanon, in dem Reflexions- und Beziehungsqualitäten sowie hohe Werte eine große Rolle spielen (Whole Foods 2015; Übers. d. Verf.):

- Wir richten unser Verhalten an Mitgefühl, Empathie und Verständnis aus.
- Wir erkennen den Wert unterschiedlicher Ansichten an.
- Wir hinterfragen unsere Wahrnehmungen.
- Wir ermutigen Führungskräfte, ihre eigenen Reaktionen, Wünsche, Motive zu verstehen und die von anderen.
- Wir glauben an die Ganzheit aller Dinge und begegnen unseren Licht- und Schattenseiten.
- Wir praktizieren Demut und erkennen an, dass wir immer mehr zu lernen haben.
- Wir sind kreativ in unseren Methoden und erkunden neue Ideen.
- Wir praktizieren Dankbarkeit.

Whole Foods richtet die Führungs- und Arbeitskultur an hohen Werten aus wie Selbsterkenntnis, Dienen, Mitgefühl, Dankbarkeit, Demut und Lernen. Mit solch kraftvollen Werten können sich Menschen verbinden. Hier werden eine Reihe yogischer Verhaltensprinzipien (für gute Führung) explizit genannt, mit denen wir uns später ausführlicher beschäftigen, z. B. Mitgefühl, Selbstreflexion, Ganzheit, Demut, Dankbarkeit (▶ Abschn. 3.3.2). Dies mag damit zusammenhängen, dass John Mackey schon seit Langem ein enthusiastischer Yogapraktizierender ist.

Wesentliche Aspekte der Selbstorganisation

Die Selbstorganisation in den einzelnen Lebensmittelmärkten manifestiert sich konkret in den vier Aspekten Teamstruktur, Transparenz, Vertrauen und Innovation:

1. **Teamstruktur:** Jeder Laden, jedes Gebiet und jede Region wird von einem Team geführt. Nur Teams können Neueinstellungen für Vollzeitkräfte vornehmen. Nach der Testphase für die Kandidaten, die üblicherweise 30 Tage dauert, wird eine Zweidrittelmehrheit des Teams benötigt, damit eine Neueinstellung erfolgen kann. Neueinstellungen werden deshalb so genau geprüft, weil sie mit direkten finanziellen Auswirkungen verbunden sind. Die Boni sind an die Teamleistung gebunden. „Verkäufe pro Stunde" ist die wichtigste Produktivitätskennzahl bei Whole Foods. Wenn sich das Team also für jemanden entscheidet, der keine Leistung bringt, dann kann der Bonus der Teammitglieder innerhalb von Monaten abfallen. Das klassische Mitarbeitergespräch, in dem eine Führungskraft Ziele vorgibt und dann geschaut wird, was umgesetzt werden konnte, hat in einem solchen Umfeld ausgedient. Die Gespräche finden auf Augenhöhe statt, nicht von oben nach unten. Die Mitarbeitenden werden von Kollegen und Kunden beurteilt, nicht vom Chef.
2. **Transparenz:** Alle Gehälter werden offengelegt. Wenn jemand mehr verdient, dann weil die Performance innerhalb des Teams besser ist. John Mackey ist sich bewusst, dass es bei dieser Keine-Geheimnisse-Philosophie zu Missbrauch kommen kann (Whole Foods 2015, S. 1; Übers. d. Verf.): „*Wegen unserer Verpflichtung zu Empowerment und Vertrauen müssen wir das Risiko eingehen, dass wertvolle Informationen in die falschen Hände gelangen. Das Herstellen von Transparenz und authentischer Kommunikation ist eine ständige Herausforderung für jede Organisation. […] In den meisten Firmen kontrolliert das Management die Information und damit die Menschen. Indem wir die Informationen teilen, bleiben wir verbunden mit unserer Vorstellung des gemeinsamen Schicksals (fate).*"

Whole Foods stellt Informationen in einem Ausmaß bereit, das in vielen anderen Organisationen undenkbar wäre (und in Deutschland nach dem Datenschutzgesetz auch nicht erlaubt wäre): sensitive Daten über Umsätze von Läden und Teams, Profitabilitäten, sogar das Gehalt jedes Mitarbeiters. Diese strikte Datentransparenz veranlasste die Börsenaufsichtsbehörde SEC, sämtliche Mitarbeiter als „Insider“ einzustufen, wenn es um Wertpapierhandel geht. Teamarbeit und Verteilung von Information stärken bei Whole Foods aber nicht nur Vertrauen und Kooperation. Transparente Vergleiche sollen auch den Wettbewerb zu anderen Unternehmen, zwischen Teams, Läden und Regionen um die höchste Qualität, den besten Service und die höchste Profitabilität gewährleisten. Dieser Wettbewerb wurde so intensiv, dass die Unternehmensleitung an die Läden appellierte, ihn zurückzufahren. Das Austarieren der Ambivalenz zwischen Kooperation und Wettbewerb stellt offenbar auch für Whole Foods eine Herausforderung dar.

3. **Vertrauenskultur:** Bewusste Führung bedeutet, ein Minimum an Kontrolle auszuüben. Die Aufgabe der Führungskräfte bei Whole Foods besteht nicht in der Kontrolle anderer, sondern darin, Möglichkeiten für mehr Selbstführung zu schaffen.
4. **Innovation:** Die Teams sind verantwortlich für die kontinuierliche Verbesserung der Arbeitsbedingungen und die Entwicklung neuer Ideen, wobei die Analyse von Arbeitsprozessen und Kundenrückmeldungen systematisch Berücksichtigung finden.

Gute Führung bei Whole Foods

Natürlich gibt es im täglichen Handelsgeschäft auch bei Whole Foods hin und wieder Schwierigkeiten. So wurden Anfang 2015 einige Produkte mit zu hohen Preisen ausgezeichnet, was laut John Mackey allerdings unbeabsichtigt geschah. Insgesamt wird, das zeigt die Unternehmensgeschichte von Whole Foods, schon vieles von dem gelebt, was gute Führung im 21. Jahrhundert ausmacht. Führung bei Whole Foods bewirkt Sinnstiftung, Selbstorganisation, Adaption, Befähigung und Selbstreflexion.

Selbstorganisierte Führung findet in den letzten Jahren zunehmend Verbreitung. Diese Entwicklung wird forciert durch Holacracy, eine neue und stringente Systematik, um selbstorganisierte Strukturen zu schaffen. In den letzten Jahren haben sich allein in den USA etwa 300 Organisationen von dem herkömmlichen Führungsverständnis gelöst und Holacracy implementiert, um selbstorganisierte Vernetzung zu gewährleisten. Auch David Allen, weltweit bekannter Berater für effizientes Arbeiten („Getting Things Done“), hat in seiner Organisation, der David Allen Group, Holacracy eingeführt.

Die beiden folgenden Beispiele für Selbstorganisation mit Holacracy möchte ich Ihnen vorstellen.

Morning Star – Selbstorganisation für eine agile Organisation

Grundüberzeugungen

Das kalifornische Unternehmen Morning Star ist das weltgrößte Verarbeitungsunternehmen für Tomaten. Die Aktivitäten von Morning Star mit seinen ca. 600 Mitarbeitern reichen vom Betreiben von Gewächshäusern, der Pflanzung und Züchtung über den Transport bis zur Verarbeitung von Tomaten. Das Selbstverständnis der Organisation, die 1970 von Chris Rufer als Transportunternehmen für frische

Tomaten gegründet wurde, ist getragen von drei Grundüberzeugungen:

1. Menschen sind am glücklichsten und produktivsten, wenn sie Kontrolle über ihr Leben haben (Selbstwirksamkeit).
2. Menschen sind denkende, energetische, kreative und integre Wesen, die sich um andere sorgen.
3. Die menschlichsten Organisationen sind nicht jene, in denen Personen von anderen Personen gesteuert werden, sondern jene, in denen sich die Beteiligten untereinander koordinieren und somit ihre eigenen Beziehungen und Verpflichtungen gegenüber anderen gestalten.

Morning Star hatte noch nie klassische Manager

Basierend auf diesen Überzeugungen ist Morning Star schon seit seinen Gründungstagen ein selbstorganisiertes Unternehmen.

Morning Star arbeitet mit Holacracy, einer Methode der Selbstorganisation in Netzwerken, die im Jahr 2009 von dem damals 28-jährigen Softwareunternehmer Brian Robertson entwickelt wurde. Holacracy ist eine Art Betriebssystem für Organisationen und ihre Führung, das auf einem System verteilter Autorität basiert.

Menschen sind Sensoren für Spannungen

Holacracy ist eine Methode, die auch eine entsprechende Haltung der Systemmitglieder voraussetzt. Der holokratische Modus soll eine möglichst hohe Vernetzungsdichte und damit eine hohe Agilität gewährleisten. Jedes Organisationsmitglied wird als Sensor für Spannungen innerhalb der Organisation verstanden. Wer eine Spannung anzeigt, geht davon aus, dass das angestrebte Ziel nicht erreicht wird, wenn weiter im aktuellen Modus agiert wird. Nur Personen in ihren spezifischen Rollen können solche Spannungen wahrnehmen, die auf Entwicklungspotenziale der Organisation verweisen. Es gibt keine Führungsrolle oder Person, die alleine entscheiden kann, welche Spannung bedeutsam genug ist, um prozessiert zu werden. Jeder, der ein Problem hat, sei es auf der sachlichen Ebene oder mit der Zusammenarbeit, kann eine „Spannung“ anzeigen. Der Holacracy-Prozess regelt exakt, wie Spannungen eingebracht und in sinnvollen Output für die Organisation umgewandelt werden. Sinnvoll ist ein Ergebnis, das der Organisation in der Erfüllung ihres Daseinszwecks dient.

Damit Holacracy die beabsichtigte hohe Agilität gewährleisten kann, beinhaltet die Methode vier Aktionsprinzipien:

1. Jede Entscheidung ist revidierbar.
2. Vorschläge und Lösungen müssen nicht perfekt, sondern brauchbar sein.
3. Wer für etwas zuständig ist, hat auch die dazugehörige Verantwortung und, solange die Leistung stimmt, auch die Autorität.
4. Bestehende Regeln sollen gebrochen werden, wenn es erforderlich ist.

Holacracy: Die Essenz des Prozessmodells

Der Name Holacracy ist ein Kunstbegriff, die Vereinigung der Begriffe Holon (ein Ganzes, das Teil eines anderen Ganzen ist) und Holarchie (Hierarchie von Holons).

Holokratische Organisationen unterscheiden sich in vier wichtigen Aspekten von traditionellen Organisationen:

- **Rollen:** Rollen werden um die Aufgaben, nicht um Personen, definiert und regelmäßig angepasst. Üblicherweise füllt eine Person mehrere Rollen gleichzeitig aus.
- **Verteilte Autorität:** Autorität wird nur Teams und Rollen, nicht Positionen, zugeschrieben. Entscheidungen werden lokal getroffen.
- **Schnelle Iterationen:** Die Organisationsstruktur wird regelmäßig in kleinen Schritten angepasst. Jedes Team organisiert sich selbst.
- **Transparente Regeln, Rollen und Verantwortlichkeiten:** An die Regeln der Zusammenarbeit ist jeder gebunden, auch der CEO. Die Regeln sind für alle sichtbar. Alle Regeln, Rollen und Verantwortlichkeiten sind jedermann zugänglich.

Der holokratische Prozess soll sicherstellen, dass in der Organisation nicht die informellen Beziehungen zwischen Personen benutzt werden, um Aufgaben zu erledigen. Dadurch werden Menschen entlastet, und es entsteht Raum für echte Beziehungen. Der Prozess basiert auf folgenden Strukturprinzipien:

- Die Organisation wird um **Rollen**, nicht um Personen, aufgebaut. Mit jeder Rolle sind klare Entscheidungskompetenzen verbunden. Solche Rollen sind beispielsweise Social Media, Werbung, Web-Marketing und Brand-Entwicklung. Wenn die Aufgaben einer Rolle die Kapazitäten einer Person übersteigen, dann können neue Rollen für andere Personen geschaffen werden.
- Mehrere Rollen bilden einen **Kreis** (eine Metarolle), in dem Entscheidungen getroffen werden. Im obigen Beispiel wäre das der Marketing-Kreis. Dabei wird zwischen „Governance"- (Entscheidungskompetenzen, Erwartungen an Rollen) und „taktischen" (inhaltlichen) Themen unterschieden.
- Die Verbindung der Kreise erfolgt durch jeweils zwei Rollen (core roles), den **Lead-Link** des Kreises (der auf die Funktionalität achtet, aber kein Personal führt), und den **Rep-Link**, der von den Mitgliedern des Kreises gewählt wird, um dessen Interessen im übergeordneten Kreis zu vertreten.
- Jeder Kreis erfüllt seinen Zweck als Beitrag zum Ganzen, und es gibt eine Über- und Unterordnung der Kreise. Der „Anker-Kreis" umfasst üblicherweise den Vorstand.

CLOU

Morning Star hat im Laufe der Zeit eine Reihe von Instrumenten und Verfahren entwickelt, um die Selbstorganisation nachhaltig erfolgreich zu gestalten. Ein besonders wichtiger Baustein im System ist der Colleague Letter of Understanding, **CLOU** genannt (online unter: http://www.self-managementinstitute.org/). Mit CLOU skizziert jeder Mitarbeitende möglichst klar seine Verpflichtungen gegenüber seinen Kollegen. CLOU macht außerdem transparent, in welchem Ausmaß jeder seinen Verpflichtungen gerecht wird. Jeder Mitarbeitende ist für die Erstellung seines CLOU, immer in Zusammenarbeit mit den entsprechenden Kollegen, selbst verantwortlich. Ein CLOU enthält folgende Inhalte:

- **Persönliche Business-Mission:** Jeder Mitarbeitende von Morning Star erarbeitet ein persönliches Mission-Statement, seinen grundlegenden Beitrag zum Unternehmen. Diese individuelle Mission soll als Leitgedanke dienen bei allem Handeln für das Unternehmen.
- **Ergebnisse:** Formuliert werden die zentralen Ergebnisse, die jeder erreichen will, um die persönliche Business-Mission zu erfüllen.
- **Messkriterien:** Identifizierung der wichtigsten Messkriterien, anhand derer die Mitarbeitenden das Erreichen ihrer Ergebnisse messen lassen, dazu gehört auch der Grad der Erfüllung ihrer persönlichen Mission.
- **Zeitverpflichtung:** Festlegung, über welche Zeitdauer sich jedes Organisationsmitglied zur Verfolgung der persönlichen Mission verpflichtet.
- **CLOU-Kollegen:** Benennt die Kollegen, denen gegenüber die Verpflichtung gilt. Die CLOU Kollegen unterschreiben das Dokument, wenn sie den Inhalten zustimmen.

Das Beziehungsnetzwerk, das durch die verschiedenen CLOU-Verbindungen entsteht, formt gewissermaßen das **Organisationschart** von Morning Star, basierend auf tatsächlichen Beziehungen im Unternehmen. Dieses Organisationschart ist zum einen dynamisch, weil es sich veränderten Umständen und Aktivitäten anpasst. Zum anderen ist es kontextabhängig, denn die wichtigen Beziehungen sind ein Spiegelbild der jeweiligen Situation. Das CLOU-Netzwerk ist softwareunterstützt und jedermann im Unternehmen zugänglich, um die für holokratische Organisationen geforderte höchstmögliche Transparenz zu gewährleisten.

Dynamische und kontextbezogene Hierarchien

Statt einer formalen und statischen Hierarchie gibt es bei Morning Star also eine Reihe von dynamischen und kontextbezogenen Hierarchien, die auf Einfluss und nicht auf Position beruhen. In bestimmten Themen haben einige Personen mehr Einfluss als andere, weil sie mehr Expertise oder einen besonders ausgeprägten Unterstützungswillen haben. Gary Hamel hat 2011 im *Harvard Business Review* einen viel beachteten Artikel über die Praxis der Selbstorganisation bei dem amerikanischen Tomatenproduzenten verfasst. Darin schreibt Hamel

(2011, S. 1, Übers. d. Verf.): *„Bei Morning Star gewinnt man Autorität, indem man Expertise zeigt, Kollegen hilft und Wert addiert. Wer aufhört, dies zu tun, dessen Einfluss wird abnehmen – genau wie das Gehalt."* Seit Hamels Artikel haben über 20 Organisationen Morning Star besucht, um mehr über Selbstorganisation zu erfahren. Morning Star hat mittlerweile ein Self-Management Institute ins Leben gerufen.

Selbstorganisation lohnt sich

Die weitgehende Selbstorganisation, die übrigens auch für die Gehaltsfestlegung gilt, scheint sich für Morning Star unternehmerisch zu lohnen. Das Unternehmen zahlt um 15 % höhere Löhne und um 35 % höhere sonstige Leistungen (z. B. Boni) als der Branchendurchschnitt. Morning Star wird von Branchenkennern als innovationsstark eingeschätzt, und nur sehr wenige Mitarbeitende verlassen das Unternehmen.

Barrieren für die vollständige Selbstorganisation

Allerdings stößt auch Morning Star auf Barrieren für die vollständige Umsetzung der Selbstorganisation. Dies hat nach Aussage des Personalverantwortlichen vor allem zwei Gründe. Einerseits sind die wegen des Wachstums benötigten Führungskräfte, die von außen kommen, vor allem darauf bedacht, Karriere zu machen und für sich zu arbeiten. Morning Star sieht sich gezwungen, Konzessionen an die Haltung der Neueinsteiger zu machen. Zum zweiten wird die Organisationsstruktur von vielen Mitarbeitenden als Gegebenheit wahrgenommen, die nicht mehr kritisch hinterfragt und auf den Prüfstand gestellt wird. Eine kritische Haltung sei indes nötig, um die (Selbst-)Organisation kontinuierlich zu verbessern. Aktuell gibt es bei Morning Star eine hybride, jedoch weit überwiegend an Selbstorganisation ausgerichtete Unternehmens- und Führungsstruktur. Ähnlich wie bei Whole Foods sind die Zentralbereiche hierarchisch organisiert. Dort verstehen sich die Menschen als „Mitarbeiter" im klassischen Sinn (Green und Haas 2015).

Das Führungsverständnis bei Morning Star kann umschrieben werden mit selbstorganisierter Vernetzung, Adaption, Befähigung und Sinngebung. Sinnstiftung spielt in dem Unternehmen zwar eine Rolle, aber allem Anschein nach nicht so prominent wie bei Whole Foods und Zappos.

Zappos – lebendige Führung auf Basis von Selbstorganisation

Das Beispiel von Zappos zeigt die Schwierigkeiten, die auftauchen können, wenn eine ehemals hierarchische Organisation radikal zu einem selbstorganisierten System umgebaut wird. Was dort gemacht wird, gleicht einer Operation am offenen Herzen. Es zeugt vom unternehmerischen Mut, ohne den solche radikalen Transformationen vermutlich niemals in Gang kommen.

Zappos ist ein US-amerikanischer Online-Händler für Schuhe und Modeartikel. Das erfolgreiche Zappos-Geschäftsmodell wird in Deutschland von Zalando kopiert. Das 1999 gegründete Unternehmen wird maßgeblich von der Haltung und den Ideen seines CEO Tony Hsieh beeinflusst. Als der damals 27-jährige Tony Hsieh den

Vorstandsvorsitz bei Zappos übernahm – das Platzen der E-Commerce-Blase und die Geschäftsauswirkungen von 9/11 standen dem Unternehmen noch bevor – hatte er sein Unternehmen LinkExchange bereits für 265 Mio. US $ an Microsoft verkauft. Heute hat Zappos ca. 1.500 Mitarbeiter und macht einen Umsatz von mehr als 2 Mrd. US $ pro Jahr. Im Jahr 2009 wurde Zappos für 1,2 Mrd. US $ von Amazon übernommen.

Online-Business ist in den USA mittlerweile weitverbreitet, die Konkurrenz sehr stark. Wie gelingt es Zappos in dieser Situation, die Aufmerksamkeit der breiten Öffentlichkeit/potenzieller Kunden immer wieder auf sich zu ziehen?

Zum einen dürfte das an dem herausragenden Service liegen, den Zappos seinen Kunden bietet. Die Call-Center-Agenten hatten nie ein Skript, an das sie sich halten mussten, um die Bearbeitungszeit kurz und damit kostengünstig zu halten. Jeder Mitarbeitende soll im Kontakt mit dem Kunden vor allem das tun, was nötig ist, um den Kundenwunsch zu erfüllen. Zappos will ein „Wow-durch-Service" liefern.

Delivering Happiness

Zum anderen ist Zappos etwas wirklich Erstaunliches gelungen: Das Unternehmen hat eine hohe Bekanntheit durch seine weithin bewunderte Führungs- und Unternehmenskultur erlangt, die für Lebendigkeit, Innovation und Glück steht. Glück, wirklich? Man könnte hinter der Zappos' Glücksformel Esoterik oder gefühlsduseligen Firlefanz vermuten. Wenn da nicht die Fakten wären. Ein Ein-Milliarden-Dollar-Geschäft innerhalb eines Jahrzehnts aufzubauen ist eine herausragende unternehmerische Leistung. Tony Hsieh und sein Führungsteam sind beim Aufbau und der Entwicklung des Unternehmens immer ihrer Überzeugung gefolgt, wonach Gewinn (profit), Leidenschaft (passion) und Sinnhaftigkeit (purpose) Hand in Hand gehen (müssen). Wenn Führungskräfte sich um die Bedürfnisse und das Glück der Mitarbeitenden kümmern, dann werden diese inspiriert, sich um die Bedürfnisse ihrer Kunden zu kümmern – das eigene Glück steigern, indem man das Glück der anderen steigert. Dieses Prinzip mag trivial klingen, ist aber nicht immer leicht zu realisieren. Dies ist nachzulesen in dem Bestseller von Tony Hsieh (2010) *Delivering Happiness*, in dem er auch die Grundlagen seines Führungsverständnisses anschaulich und humorvoll beschreibt.

Transparente Führungskultur

Viele Unternehmensvertreter sind in den letzten Jahren in die Zappos-Zentrale nach Las Vegas gereist, um sich von der lebendigen Unternehmenskultur inspirieren zu lassen. Es gibt vermutlich nur wenige Unternehmen, in denen die Mitarbeitenden angehalten werden, „verrückt" zu sein (be weird!). Das jährlich erscheinende „Kulturbuch" ist sinnfälliger Ausdruck des offenen Miteinanders bei Zappos. Jeder Mitarbeiter wird eingeladen, seine Antwort auf die Frage zu geben, was die Unternehmenskultur für ihn bedeutet. Alle Antworten werden ungefiltert in das **Culture Book** übernommen. Immer wieder sehe ich ein Leuchten in den Augen, wenn ein Exemplar dieses Buch von Führungskräften hierzulande durchgeblättert wird. Zappos bietet unter dem Etikett **Zappos Insights** mittlerweile Kulturtrainings für

Dritte an. Als Arbeitgeber ist das Unternehmen sehr attraktiv. Zappos erhält jährlich 30.000 Bewerbungen und hat im Durchschnitt etwa 300 Stellen zu vergeben (Pontefract 2015).

Seit Ende 2013, nach Durchführung eines Pilotprojektes mit 180 Teilnehmern, führt Zappos **Holacracy** ein. Das Unternehmen soll noch innovativer und agiler werden. Zappos wäre das bei Weitem größte Unternehmen, das Holacracy vollständig einsetzt. Im ersten Schritt der Einführung von Holacracy strich Zappos alle Stellenbezeichnungen. Danach wurden die traditionellen Führungspositionen eliminiert. Den betroffenen Mitarbeitern wurde angeboten, andere Aufgaben übernehmen und ihr Gehalt in 2015 halten zu können. Sie werden jedoch andere Tätigkeitsfelder finden müssen. Allen Mitarbeitenden, nicht nur den ehemaligen Führungskräften, wurde eine Übergangszeit eingeräumt.

Mutige Umsetzung von Holacracy

Um die Geschwindigkeit der Umsetzung zu erhöhen, bot Zappos jenen Mitarbeitenden, die mit dem Struktur- und Kulturwandel nicht einverstanden waren, eine Abfindung an. Einen Monat später gab Zappos bekannt, 14 % der Mitarbeitenden würden die Firma freiwillig verlassen. Für Zappos eine nie dagewesene Entwicklung. Gleichwohl berichtete das Unternehmen darüber mit hoher Transparenz im Internet. Sogar die E-Mails des CEO Tony Hsieh an die Mitarbeiter wurden veröffentlicht.

Besonders schwierig erweist sich die Verwirklichung von Holokratie bei der Entscheidung über die Bezahlung und Beförderung von Mitarbeitern, noch fehlen endgültige Lösungen. Beides ist traditionell stark mit der Position verbunden. Wenn die Arbeit von der Position getrennt wird, verlangt die Fairness eine Entlohnung, die strikt an messbaren Ergebnissen ausgerichtet ist. Da Menschen in einer holokratischen Struktur in der Regel in mehreren Rollen fungieren, gilt es außerdem sicherzustellen, dass sie auch für die Arbeit entlohnt werden, die sie tun. Zappos lotet gerade ein Verfahren aus, das z. B. die Entlohnung daran koppelt, wie stark jemand die Implementierung von Holacracy befördert oder Kollegen als Mentor unterstützt.

Die über Jahre eingeübte Kultur des Feedbacks und der Verantwortlichkeit soll natürlich auch in der Struktur der Selbstorganisation erhalten bleiben. Zappos entwickelt deshalb zurzeit ein kollegiales Feedbacksystem, um sich gegenseitig verantwortlich zu halten. Ein spezielles Konfliktlösungstraining soll die Menschen darin unterstützen, in schwierigen Situationen miteinander zu reden und offen zueinander zu sein.

Nach Einschätzung von Tony Hsieh wird die vollständige Implementierung von Holacracy bei Zappos zwischen 3 und 5 Jahren dauern. Es sei ein Prozess von Versuch und Irrtum. Das Beispiel Zappos mag auf den ersten Blick ernüchternd wirken. Vielleicht fühlen sich auch jene bestätigt, die sich vor der Realisierung von Selbstorganisation in ihrer Organisation fürchten. Andererseits gibt es auch Hinweise darauf, wo mögliche Fallstricke liegen und wie sie vermieden werden können. Für Zappos ist Selbstorganisation jedenfalls attraktiv genug, um sich aus der Komfortzone zu bewegen. Beeindruckend sind der Mut und die Transparenz, mit der der Musterwechsel in der Führung umgesetzt wird.

Richten wir einen abschließenden Blick auf das Führungsverständnis bei Zappos. Sinngebung, Befähigung und Diversität sind aktuell zentrale Elemente der Führungskultur. Zukünftig soll zusätzlich hohe Vernetzung und Agilität der Organisation gewährleistet sein.

2.2.4 Gelingende Neuausrichtung von Führung

Wie die skizzierten Unternehmensbeispiele zeigen, kann die Ausrichtung von Führung an dem neuen Führungsparadigma gelingen. Auch wenn insbesondere die Umsetzung von Selbstorganisation mit Schwierigkeiten verbunden ist und kontinuierliche Verbesserungen oder Anpassungen nötig sein werden. Unternehmen wie dm, Zappos und Whole Foods gelingt Sinnstiftung durch eine attraktive Vision und hohe Werte, die weit über monetäre Aspekte hinauszielen. Die beiden letztgenannten Unternehmen haben sich außerdem, genauso wie der Tomatenverarbeiter Morning Star, weitgehend von hierarchischen Strukturen gelöst und sind überwiegend selbstorganisierte Systeme.

Selbstorganisation, das machen die Beispiele Whole Foods und Morning Star deutlich, ist sehr gut geeignet, um Konflikte zu lösen, unternehmerische Dynamik zu entfalten und Innovation zu befördern. Schwieriger wird es bei Karriereentwicklung, Gehalt, Einstellungen und Kündigungen. Dies sind Führungsaspekte, die üblicherweise mit bürokratischen Strukturen verbunden sind. Holacracy ist Work in Progress, insofern wird es spannend sein, zu verfolgen, welche Antworten auf diese Fragen gefunden werden, insbesondere beim Übergang von hierarchischen zu holokratischen Strukturen.

Gibt es eine Alternative zu Selbstorganisation?

Schön und gut, mögen Sie jetzt einwenden. Die genannten Firmen sind stark von ihren Eigentümern geprägt, da fällt die Implementierung von Selbstorganisation viel leichter als dort, wo angestellte Führungskräfte das Sagen haben. Dieses Argument ist nicht von der Hand zu weisen. Nun führen aber Tony Hsieh (Zappos) und John Mackey (Whole Foods) am Aktienmarkt gelistete Unternehmen, die ebenso im Fokus von Aktionären und Interessengruppen stehen wie andere Unternehmen auch. Andererseits stellt sich die Frage, wie eine Alternative zu mehr Selbstorganisation aussehen könnte. Vieles spricht für die These von Peter Kruse, wonach die VUCA-Welt über kurz oder lang Anpassungen in Richtung Selbstorganisation erzwingt. Nur so können dauerhaft die notwendige Agilität und Kreativität gewährleistet werden.

Es ist unter hiesigen Führungskräften in Mode gekommen, nach Silicon Valley zu reisen, um herauszufinden, wie neue, erfolgsträchtige Geschäftsmodelle entstehen. Mindestens ebenso wertvoll wäre aus meiner Sicht eine Inspirationsreise in Sachen Führungskultur, z. B. zu Morning Star und Zappos.

2.3 Zwölf Kompetenzen für gute Führung

Selbstführungs- und Beziehungsfähigkeiten werden laut der vom „Forum Gute Führung" und anderen Organisationen befragten Führungskräfte zukünftig enorm wichtig sein. Welche konkreten Kompetenzanforderungen werden im Rahmen des neuen Paradigmas an Führungskräfte gestellt?

Selbstführung und Gestaltung gelingender Beziehungen

Zwölf Kompetenzen zur Selbstführung sowie zur Gestaltung gelingender Führungsbeziehungen werden beleuchtet. Die Auswahl der Kompetenzen beruht zum einen auf zahlreichen Gesprächen und Erfahrungen mit Führungskräften und -experten während meiner langjährigen Tätigkeit als Unternehmensberater und Coach. Zum anderen reflektiert die Auswahl die intensive Sichtung der aktuellen Literatur zum Thema Führung. Nicht zuletzt wurden die oben dargestellten Beispiele daraufhin untersucht, auf welche Kompetenzen es bei der Realisierung des jeweiligen Führungsverständnisses ankommt. Am Ende ist die Auswahl des Kompetenzsets gleichwohl subjektiv und basiert auf einer intuitiven Entscheidung. Die Leitfrage bei der Kompetenzauswahl war, welche Fähigkeiten benötigt werden, um die in ◘ Tab. 2.1 aufgeführten Ergebnisse guter Führung zu erzielen.

Nachfolgend einige grundlegende Überlegungen zum Zusammenhang zwischen Führungsverständnis bzw. -ergebnissen und benötigten Kompetenzen.

Selbstorganisierte Vernetzung, die die Entstehung kollektiver Intelligenz ermöglicht, braucht seitens der Führungskräfte Vertrauen, denn Verantwortung und Aufgaben müssen konsequent delegiert werden. Es ist zudem Mut gefragt, um den Verlust der auf Hierarchie beruhenden Macht zuzulassen oder gar zu befördern. Das Beispiel von Zappos zeigt dies überdeutlich. Willenskraft ist gefragt um auch dann durchzuhalten, wenn es bei der Umsetzung dieser neuen Organisationsform zu Leistungseinbrüchen und Verunsicherung kommt.

Der Aufbau einer resonanzfähigen Vision als zentrales Element **sinnstiftender Führung** verlangt ein hohes Maß an Einfühlungsvermögen bzw. Empathie. Eine ausgeprägte Willenskraft ist nötig, um diese Form der Führung in schwierigen Zeiten durchzuhalten und nicht auf triviale Mechanismen wie etwa das Erzeugen von Angst zurückzugreifen.

Kooperation zwischen IT-Experten und Managern

Die Förderung übergreifender **Kooperationen** benötigt die empathische Einbeziehung von Mitarbeitenden und Stakeholdern sowie Vertrauen in die „Win-Win"-Haltung der Kooperationspartner. Zwei Beispiele: Mit der zielgerichteten Nutzung der modernen Informationstechnologie können Unternehmen gewaltige bisher ungenutzte Potenziale zur Effizienz- und Effektivitätssteigerung ausschöpfen. Dazu müssen aber die IT-Experten mit den Unternehmern und Managern sehr viel besser und enger als bisher kooperieren. Aktuell herrschen Verständnis- und Verständigungsprobleme, die in mangelndes Vertrauen und ein kontraproduktives, wenig partnerschaftliches Verhältnis münden (Benson und Ribbers 2014). Sektorübergreifende Kooperationen werden an Bedeutung gewinnen, etwa wenn es um nachhaltige Geschäftsmodelle geht, die in der Zusammenarbeit zwischen Unternehmen und gemeinnützigen nichtstaatlichen Organisationen (NGO) entwickelt werden. Dies war etwa zwischen Coca Cola und dem World Wildlife Fund (WWF) der Fall. Beide Organisationen arbeiteten von 2003–2007 in Indien intensiv zusammen. Ziel der Zusammenarbeit war es, bei der Getränkeherstellung mithilfe eines integrierten Wassermanagements den Wasserverbrauch möglichst gering zu halten. Es ging nicht nur um den Wasserverbrauch in der Produktionsstätte, sondern um die Berücksichtigung eines größeren Systems, das auch die Gemeinden in der Nähe der Produktionsstätte umfasste. Wasser, der wichtigste Inhaltsstoff des Getränks, ist in vielen Gegenden Indiens knapp. Das Produktionswissen von Coca-Cola und das Wissen um Ökosysteme des WWF wurden im Sinne der Zielsetzung gebündelt (Senge 2010, S. 77 ff.). Es erfordert eine tiefe Veränderung der gewohnten Sichtweise und Mut, sich auf bislang unbekannte Handlungslogiken einzulassen. Auch eine hohe Konzentration auf die neuartige Gestaltungsaufgabe ist für deren Erfolg notwendig.

Adaption und Agilität sind am besten mit selbstorganisierten Netzwerken zu gewährleisten. Ihre Entwicklung benötigt, wie weiter oben bereits ausgeführt, Vertrauen und Mut.

Diversität verlangt Empathie, das Verständnis der Standpunkte und Werte anderer. Auch Wertschätzung, die sich in Respekt und Anerkennung der Person äußert, ist gefragt. Manchmal benötigen wir auch Mut, um uns auf Andersartigkeit einzulassen.

Wirksame **Befähigung** und Ermutigung der Mitarbeitenden ist an eine hohe Qualität der Beziehung gebunden, die von Führungskräften wiederum Vertrauen, Empathie und Wertschätzung verlangt. Gutes Zuhören ist für eine hohe Kontaktqualität ebenfalls wichtig.

Die **emotionale und intuitive Intelligenz** stärker zu nutzen, heißt konkret, die Fähigkeiten zur Empathie zu verbessern sowie die professionelle Nutzung der Intuition.

Um **Erneuerung und Rhythmus** für sich selbst und andere zu gewährleisten, benötigen Führungskräfte eine sensible Selbstwahrnehmung, die es ihnen erlaubt, zu erkennen, wann und in welcher Weise körperliche Regeneration nötig ist. Konsequente Regeneration ist für viele Unternehmen immer noch Avantgarde. Oft wird es den Mut und die Willenskraft des Einzelnen brauchen, die herrschenden Gepflogenheiten infrage zu stellen und neues Verhalten (z. B. Power-Napping) zu etablieren.

Für eine gute **Reflexionsfähigkeit** benötigen wir Selbstwahrnehmung, die beobachtende Selbstdistanz. In der konzentrierten Ruhe liegt die Kraft der Reflexion, daher sind Gelassenheit und Konzentration hilfreich. Führungskräfte benötigen Willenskraft, um sich im Führungsalltag immer wieder Inseln der Reflexion zu schaffen.

Die obigen Überlegungen sind in der Tab. 2.2 zusammengefasst.

Kompetenzlandkarte gute Führung

Es ist eine **Kompetenzlandkarte** für gute Führung entstanden, die indes nicht den Anspruch auf Vollständigkeit erhebt. Die Kompetenzlandkarte umfasst Kompetenzen auf körperlicher, emotionaler und kognitiver Ebene. Fähigkeiten der emotionalen und intuitiven Intelligenz spielen für zukunftsfähige Führung eine große Rolle. Um gut zu führen, müssen sicher nicht alle aufgeführten Kompetenzen gleichermaßen erfüllt sein – es geht hier nicht um Heroismus. Die

Tab. 2.2 Wichtige Kompetenzen für das neue Führungsverständnis

Was soll gute Führung im 21. Jahrhundert bewirken?	Welche Kompetenzen werden benötigt?
Selbstorganisierte Vernetzung	Vertrauen, Mut, Willenskraft
Sinnstiftung	Selbstwahrnehmung, Willenskraft
Kooperation wichtiger als Wettbewerb	Empathie, Vertrauen, Mut
Adaption	Mut, Vertrauen, Konzentration
Diversität	Empathie, Wertschätzung, Mut
Befähigung	Vertrauen, Empathie, Wertschätzung, Zuhören
Mehr emotionale und intuitive Intelligenz	Empathie, Intuition, Mut
Erneuerung und Rhythmus	Selbstwahrnehmung, körperliche Regeneration, Mut, Willenskraft
Reflexion	Selbstwahrnehmung, Gelassenheit, Konzentration, Willenskraft

Abb. 2.3 Zwölf Kompetenzen für gute Führung im 21. Jahrhundert

Kompetenzlandkarte (◘ Abb. 2.3) kann aber dazu dienen, das eigene Kompetenzrepertoire zu reflektieren. Zwischen den einzelnen Kompetenzen bestehen zahlreiche Wechselwirkungen, auf die in ► Kap. 4 näher eingegangen wird. Dort werden die Kompetenzen auch näher erläutert.

Anstrengung und Durchhaltevermögen sind nötig, um diese Führungskompetenzen weiterzuentwickeln. Es gibt aber auch eine gute Nachricht: Wir müssen keine neuen Entwicklungs- und Trainingstools erfinden. Die uralte Weisheitslehre Yoga hält sehr vieles bereit, was für eine zeitgemäße gute Führung benötigt wird.

Yoga – die uralte Weisheitslehre als Weg zur guten Führung

Michael Schwalbach

M. Schwalbach, *Gute Führung durch Yoga und Meditation*, DOI 10.1007/978-3-662-48934-5_3

3.1 Kurze Geschichte des Yoga

Yogasutra von Patañjali

Die Weisheitslehre Yoga wird zuerst in den Upanishaden (1500–1000 v. Chr.) beschrieben. Die altindischen Upanishaden gehören zu den wichtigsten philosophischen Schriften des Hinduismus, ja der gesamten Geistesgeschichte. Dort ist bereits von den grundlegenden Techniken des Yoga, etwa die Meditation mit dem Mantra „OM", die Rede. Die Zusammenfassung der klassischen Lehrsätze des Yoga, auch Yogasutra genannt, wird einem Autor namens Patañjali zugeschrieben. Das in der indischen Sprache Sanskrit verfasste Yogasutra (kurze und prägnante Lehrsätze, Anm. des Verf.) gilt als die unbestrittene Quintessenz des Yoga. Es kann davon ausgegangen werden, dass es in einem Zeitraum von 325–425 n. Chr. verfasst wurde. Ein kurzer Abriss über die faszinierende Geschichte des Yoga zeigt, wie weit die Wurzeln dieser Weisheitslehre zurückreichen. Die Ursprünge des Yoga liegen im Dunkeln. Sie werden in einer Zeit vermutet, in der es in Indien noch keine Geschichtsschreibung gab (Ott 2013, S. 21).

- **Vor Christi Geburt**
  - 4500–2500: Im Industal ausgegrabene Tonsiegel zeigen Figuren in einer Art Schneidersitz mit aneinandergelegten Fußsohlen, die von einigen Fachleuten als früheste bekannte Yogaabbildungen betrachtet werden.
  - 2500–1500: **Rigveda:** In der ältesten der heiligen Schriften der Weltreligionen wird Yoga nicht explizit angesprochen. Aber in den hymnischen Texten klingt das Thema der Selbsterkenntnis an, das auch im Zentrum des Yoga steht. In dieser Zeitperiode liegen ebenfalls die Ursprünge des Ayurveda, des indischen Heilkundesystems. Ayurveda wird oft als die Schwesterdisziplin des Yoga bezeichnet. Tatsächlich gibt es starke Verbindungsglieder zwischen beiden Lehren wie die Hervorhebung der Wechselwirkung zwischen Körper und Geist.
  - Circa 1500: In den **Upanishaden** werden die Techniken des klassischen Yoga wie die Meditation mit dem Mantra „OM" erstmals explizit angesprochen.

- **Nach Christi Geburt**
  - Circa 400: Yogasutren von Patañjali
  - Circa 1200: Goraksha Natha, ein hinduistischer Asket aus Westindien, verbindet spirituelle Traditionen (Tantra) und Körperdisziplin wie etwa Reinigungsübungen zum Hatha-Yoga. Diese mittelalterliche Form des Hatha-Yoga war durch Askese geprägt.
  - 1469–1538: Guru Nanak gründet im heutigen Pakistan die religiös-spirituelle Tradition des Sikhismus. Guru Nanak nimmt in seine Tradition, die den Lebensstil des weltzugewandten „Haushaltsvorstands" und nicht des Asketen empfiehlt, einige wichtige Yogapraktiken auf. Dazu gehören Mantrawiederholung, Gesang

und religiöse Zeremonien. Die Methoden des Sikh-Yoga zielen darauf ab, das Ego zu überwinden, weil dieses dauernd Anderssein schaffe, wo es nur Einssein gäbe (Feuerstein 2008, S. 519 ff.).
- Circa 1700: Ghjeranda Samhita, ein Grundlagentext des Hatha-Yoga, beschreibt 32 Yogastellungen („Asanas") und zahlreiche Techniken, um den Atem, die Energien, Sinne und Gedanken zu lenken.
- 1883–1966: Swami Kuvalayananda führt umfangreiche experimentelle Studien über Yoga durch und trägt so wesentlich zu dessen Popularisierung bei. Er veröffentlicht ein Buch über „Asanas" (Yogastellungen), in dem er sich auf die positiven Auswirkungen von Yoga auf Gesundheit und Fitness konzentriert.

■ Verbreitung des Yoga im Westen

Wiederentdeckung des Yoga im Westen

Die Wiederentdeckung und Wertschätzung des modernen Yoga, der weit entfernt ist vom asketischen Hatha-Yoga des Mittelalters, verdanken wir einer kleinen Gruppe indischer Lehrer, die diese Weisheitslehre in den Westen brachte. Einige dieser Persönlichkeiten werden im Folgenden kurz aufgeführt. Die Auflistung erfolgt chronologisch nach Geburtsjahr, ohne Anspruch auf Vollständigkeit.

■■ Sri Ramakrishna (1836–1886)

Bedeutender indischer spiritueller Lehrer. Nach Ramakrishnas Überzeugung führen alle großen geistigen Pfade, z. B. Hinduismus, Islam oder Christentum, zu denselben spirituellen Wahrheiten. Swami Vivekananda (1863–1902), der bekannteste Schüler Ramakrishnas, erregte 1893 auf dem Weltparlament der Religionen als erster Hindu viel Aufsehen. In den Jahren nach seinem charismatischen Auftritt wurde die Weisheitslehre Yoga verstärkt in Nordamerika und Europa aufgenommen.

■■ Sri Aubindo (1872–1950)

Begründer des „integralen Yoga". Anders als der alte, asketisch und auf Zurückgezogenheit ausgerichtete Yoga bezieht der integrale Yoga die vielfältigen Aktivitäten des Lebens in die spirituelle Praxis ein. Sri Aurobindo geht es um die Neuformulierung des Yoga für unsere modernen Bedürfnisse und Fähigkeiten. Nicht mehr in der einsamen Höhle sollte der Yoga – und damit Selbstverwirklichung und Erleuchtung – stattfinden, sondern mitten im Leben. Auf Aubindos Überlegungen beruht das Stadtprojekt „Auroville" in Indien.

■■ Swami Sivananda (1887–1963)

Trat für ein Yoga der Synthese, eine Integration aller bekannten Yogasysteme, ein. Sein Schüler Swami Vishnudevananda (1927–1993) gründete die internationale Organisation „Sivananda Yoga Vedanta". Dessen Schüler Sukadev Bretz gründete in Deutschland die Yogabewegung „Yoga Vidya".

■■ T. S. Krishnamarcharya (1888–1989)

Krishnamarcharya, bedeutender Lehrer der Neuzeit

Der wohl bedeutendste (Hatha-)Yogalehrer der Neuzeit. Seine Schüler, unter anderem T. K. V. Desikachar (1938), Indra Devi (1899–2002) und B. K. S. Iyengar, erlangten große Bekanntheit und prägten verschiedene Yogastile.

■■ Paramahansa Yogananda (1893–1952)

Verbreitete das Kriya-Yoga im Westen, ein Set von Übungen, das ohne anspruchsvollen körperlichen Einsatz auskommt und stark auf Techniken der Atemkontrolle fokussiert. Weitergegeben wird Kriya-Yoga ausschließlich im Rahmen einer „Einweihung" durch autorisierte Personen. Yogananda wurde vor allem bekannt durch sein Werk *Autobiographie eines Yogi*. 1920 gründete er in in Los Angeles die Organisation „Self-Realization Fellowship".

■■ B. K. S. Iyengar (1918–2014)

Entwickelte den Iyengar-Yoga, eine Spielart des Hatha-Yoga. Iyengar legte hohen Wert auf die präzise Ausführung der Körperhaltungen („Asanas") und entwickelte zahlreiche innovative Hilfsmittel wie Blöcke und Gurte. Er war ein Vorreiter des therapeutischen Yoga. Iyengar wurde einer breiteren Öffentlichkeit bekannt, als er den weltbekannten Geiger Yehudi Menuhin mit seinen Methoden von dessen langwierigen Schmerzen befreit. Der Schulmedizin war dies vorher nicht gelungen.

■■ Maharishi Mahesh Yogi (1918–2008)

Begründer der transzendentalen Meditation (TM). Diese Meditationsform wurde unter anderem durch die Beatles und andere Pop- und Filmgrößen wie David Lynch sehr bekannt. Es gibt zahlreiche Hinweise auf die positiven Wirkungen dieser Meditationsform. Allerdings wird die Organisation zur Vermarktung der TM immer wieder kritisch kommentiert.

■■ Swami Rama (1925–1996)

Gründete in den USA das „Himalayan Institute of Yoga Sciene and Philosophie".

■■ Yogi Bhajan (1929–2004)

Yogi Bhajan, Lehrer und Unternehmer

Verbreitete den Kundalini-Yoga im Westen, einen Yogastil mit häufig dynamischen Körperbewegungen, kraftvollen Atemübungen und Meditation. Yogi Bhajan verstand Kundalini-Yoga als *„Yoga des Gewahrseins"*, durch den *„die Person ihr gesamtes Potenzial wahrnimmt"* (Feuerstein 2008, S. 525). Auf die Initiative Yogi Bhajans geht die Gründung der 3H Organisation (3HO – happy, holy, healthy) zurück, die sich inzwischen als gemeinnützige NGO bei der UN etabliert hat. 3HO ist auch in Deutschland tätig und hat zahlreiche Anhänger gefunden. Yogi Bhajan gründete verschiedene Wirtschaftsunternehmen, darunter auch jenes, das den bekannten „Yogi Tea" produziert und weltweit vermarktet.

Hier endet der kurze Überblick über die Geschichte des Yoga. Er soll Ihnen die Orientierung in diesem weiten Feld erleichtern und helfen, den Yoga auf Basis der Yogasutren des Patañjali, von dem gleich intensiver die Rede sein wird, historisch einzuordnen.

3.2 Der klassische Yoga: Meditation, Achtsamkeit und Körperhaltungen

Yoga ist sehr viel mehr als Körperertüchtigung

Viele Menschen verbinden mit dem Begriff Yoga die intensive Arbeit mit dem Körper. Dies nimmt nicht Wunder, wenn man die vielfältige Yogaszene betrachtet. Von Acro-Yoga über Martial-Arts-Yoga, Power-Yoga bis hin zu Yin-Yoga reichen die aktuellen Angebote. Und vermutlich werden in Zukunft noch weitere kreiert. Nicht wenige der heutigen Stile tragen dem weitverbreiteten Schönheits-, Körper- und Fitnessbewusstsein Rechnung und fokussieren auf Körperübungen. Die Entwicklung der heute bekannten zahlreichen Yogahaltungen erfolgte allerdings erst zu Anfang des 20. Jahrhunderts, als die indischen Lehrer, im Geschichtsüberblick kurz vorgestellt, den Yoga in den Westen brachten. Diese Lehrer propagierten Yogastile, die zwar Wert auf Körperhaltungen legen, sich jedoch der klassischen Lehre Patañjalis verbunden fühlen und Körperhaltungen systematisch mit Techniken der Meditation und Achtsamkeit verbinden, z. B. Ashtanga-Yoga, Hatha-Yoga, Iyengar-Yoga, Kriya-Yoga, Kundalini-Yoga nach Yogi Bhajan. Diese Yogaformen sind eine Synthese aus östlichen und westlichen Übungswegen.

Yoga ist, wenn die Gedanken zur Ruhe kommen

Nach Patañjali ist das übergeordnete *„Ziel des Yoga, einen Zustand zu erreichen, in dem unsere Gedanken zur Ruhe kommen"* (Deshpanade 2010, S. 21). Dementsprechend stehen die Techniken von Meditation und Achtsamkeit im Vordergrund. Die körperlichen Aktivitäten sind (nur) ein Mittel zur Herbeiführung des angestrebten seelischen und geistigen Zustands.

Meditation

Yogalehrer, die der traditionellen Lehre folgen, betrachten selbst die Körperübungen nicht als eine rein physische Aktivität. Dazu Sat Bir Khalsa, Neurowissenschaftler an der Harvard-Universität und seit mehr als 40 Jahren Yogapraktizierender, der seit Jahrzehnten die Wirkungen von Yoga wissenschaftlich untersucht (Schäfer 2014, S. 92): *„Der meditative Aspekt durchzieht alles. In einer traditionellen Yogastunde wird der Lehrer sagen: Nimm diese oder jene Position ein, konzentriere Dich auf Deinen Atem, wenn Deine Gedanken abwandern, bringe Sie zurück. Man übt immer mit Konzentration und Achtsamkeit. Und dieser Akt, Aufmerksamkeit in passiver und entspannter Weise zu kontrollieren, ist es, der die positiven Wirkungen von Yoga ausmacht, die emotionalen, psychophysiologischen und mentalen."*

Zwischen Meditation und dem aktuell vergleichsweise bekannten Achtsamkeitstraining wird häufig nicht unterschieden. Beide Techni-

Abb. 3.1 Yoga, die All-In-One-Methode

ken haben viele Gemeinsamkeiten, es gibt aber auch wichtige Unterschiede, die sich am besten durch Erfahrung mit den beiden Praktiken erschließen. Gleichwohl seien einige Bemerkungen zum Verhältnis von Achtsamkeit und Meditation angefügt. Dadurch soll vor allem der integrale Charakter des traditionellen Yoga hervorgehoben werden. Körperhaltungen, Achtsamkeit und Meditation: Der klassische Yoga ist gewissermaßen eine All-In-One-Methode (Abb. 3.1).

Beobachten der Gedanken

Unter Achtsamkeit versteht man *„die absichtliche Lenkung der Aufmerksamkeit auf den gegenwärtigen Moment, ohne Bewertung“* (Kabat-Zinn 2010, S. 18). Eine in der Achtsamkeitslehre häufig gebrauchte Metapher ist eine Töpferscheibe, die aufhört sich zu drehen, indem man sie nicht weiter antreibt – in gleicher Weise kommen unsere Anhaftungen und Gedanken zur Ruhe, wenn wir sie neutral beobachten. Die Methode der Achtsamkeit sensibilisiert unser Bewusstsein und schafft eine reflektierende Distanz. In der Achtsamkeitsmeditation, die eine spezifische Meditationsform darstellt, soll sich der Geist beruhigen und sammeln. Achtsamkeit spielt auch im Yoga eine große Rolle. Jede Yogastunde und im Grunde jede Yogaübung ist eine systematische Wahrnehmungsschulung, ein Prozess der Selbstbeobachtung, der Selbsterforschung und des achtsamen Handelns. Um Achtsamkeit zu üben, werden im Yoga gerne Mantras benutzt, häufig in Verbindung mit dem Atemrhythmus.

Meditation und Mantras

Die Nutzung von Mantras ist eine im Yoga weitverbreitete Methode, um die Konzentration zu stärken und die Gedankenaktivität einzudämmen. Der Begriff Mantra bezeichnet eine Silbe oder Formel, die meist im Rhythmus der Atmung wiederholt wird. Die Rezitation eines Mantras kann laut oder leise oder in Gedanken erfolgen. Eine besondere Meditationstechnik im Yoga ist die häufige Wiederholung eines Mantras, „Japa“ genannt. Die Wiederholung kann sich über Stunden oder Tage erstrecken. Nach yogischer

Vorstellung erreichen die Übenden dadurch einen höheren Bewusstseinszustand.

Das wohl bekannteste yogische Mantra ist das traditionelle „OM" (gesprochen „AUM"), das den Urklang des Universums symbolisiert. Ein anderes weitverbreitetes Mantra ist „Sat Nam", das mit „Wahrheit ist meine Identität" übersetzt werden kann. „Sat Nam" entstammt der nordindischen Sprache Gurmukhi und findet im Kundalini-Yoga nach Yogi Bhajan Anwendung. In der Regel werden die Mantras mit dem Atem verbunden. So wird „OM" mit dem Ausatmen verbunden, bei „Sat Nam" wird häufig das „Sat" beim Einatmen und das „Nam" beim Ausatmen gesprochen.

Lang gezogene Vokale funktionieren für die Meditation besonders gut. Es finden aber auch Worte Verwendung, die den Vorgang selbst beschreiben wie „Ein" und „Aus" beim Ein- und Ausatmen. Oder es wird ein Begriff gewählt, der ein Qualität beschreibt, die in der Meditation verwirklicht werden soll, z. B. Ruhe, Dankbarkeit, Mut, Mitgefühl (Ott 2013, S. 57).

Erfahrungen in der Meditation

Bei der im Yoga angestrebten meditativen Versenkung sind noch tiefere Bewusstseinserfahrungen als in der Achtsamkeitsmeditation möglich. Auch hierbei können Mantras Anwendung finden. Der Psychologe und Yogalehrer Ulrich Ott (2013, S. 167), der die Wirkungsweise von Meditation auf unser Gehirn erforscht, verweist auf eine Studie, in der sehr geübte Meditierende von Wahrnehmungen berichten, in denen sich die Grenzen zwischen ihnen und ihrer Umwelt auflösen.

Ausdauersport ist keine Meditation

Immer wieder höre ich Führungskräfte sagen, sie machten Ausdauersport, das sei für sie wie Meditation. Hier liegt ein Missverständnis vor. Ausdauerbewegungsformen können zu Flow-Erfahrungen führen, die hier wohl gemeint sind. Sie werden aber in der Regel nicht auf achtsame Weise durchgeführt. So verliert man alle Vorzüge bezüglich Stressabbau und kognitiver Leistungsfähigkeit, die das Praktizieren von Achtsamkeit und Meditation mit sich bringen. Wer wissen will, wo die Vorzüge von Ausdauersport und Meditation liegen, der kommt nicht umhin beides ausprobieren.

Sie müssen übrigens nicht still sitzen, um zu meditieren. (Achtsamkeits-)Meditationen können passiv, das heißt im stillen Sitzen, oder aktiv bei körperlicher Bewegung, beim achtsamen Handeln, bei der lauten Rezitation oder beim Singen praktiziert werden.

Geduld bei der Auswahl des Yogastils

Das vielfältige Angebot an Yogastilen macht Anfängern die Auswahl häufig schwer. Andererseits können Sie davon ausgehen, ein auch für Sie passendes Angebot zu finden. Wenn Sie nicht gleich den richtigen Yoga für sich finden, lassen Sie sich nicht entmutigen. Probieren Sie ruhig verschiedene Lehrer und Yogastile aus.

Die folgende kleine Frageliste soll es Ihnen erleichtern, den für Sie passenden Yogastil zu finden. Sie können die Fragen zunächst nutzen, um über Ihre Präferenzen nachzudenken. Bei einem Vorabgespräch helfen Ihnen die Fragen bei der Klärung, ob der Yogastil für Sie der richtige ist.

Hilfestellung zur Wahl des richtigen Yogastils

- Wie anstrengend ist der Yogastil? Suchen Sie die körperliche Herausforderung oder steht bei Ihnen momentan die Entspannung im Vordergrund?
- Wie groß ist die Anforderung an die Beweglichkeit?
- Spielt Meditation eine große Rolle? Falls ja, wie äußert sich das?
- Favorisiert der Yogastil eher dynamische Bewegungsabläufe oder eher statische Haltungen?
- Wird Wert auf hohe Exaktheit bei der Ausführung der Übungen gelegt (dies kann verbunden sein mit häufigen Korrekturen des Lehrers)? Falls nicht, aus welchen Gründen?
- Wie wird Verletzungen vorgebeugt?
- Wie stark geht es bei dem Yogastil um spirituelle Aspekte?

Gebrauchshinweis für Yoga: Yoga ist ein Weg der Persönlichkeitsentwicklung. Es geht nicht nur um kurzfristiges Wohlfühlen. Ein guter Lehrer wird Sie mental und körperlich herausfordern. Beim Yoga ist vieles anders als gewohnt und mag, zumindest zu Beginn, irritieren. *„Irritation ist der Beginn des Lernens"*, gab mir mein Yogalehrer schon früh mit auf den Weg.

3.3 Gute Führung aus der Sicht des Yoga

Körperliche und mentale Wirkungen

Im Zusammenhang mit guter Führung geht es in der Yogaphilosophie nicht um religiöse Heilslehren, sondern um einen Übungsweg zur Selbsterkenntnis und -wahrnehmung, mentalen Kontrolle sowie Erforschung und Entwicklung des eigenen Bewusstseins. In den Lehrsätzen Patañjalis wird eine Reihe von Wirkungen des Yoga auf körperlicher und mentaler Ebene genannt, die auch für gute Führung eine hohe Relevanz besitzen (Ott 2013, S. 48 f.):

- Zur-Ruhe-Kommen der Gedanken, Gelassenheit (das übergeordnete Ziel)
- Selbsterkenntnis und Freiheit
- Klarheit und Weisheit
- Entwicklung von Qualitäten wie Liebe, Mitgefühl und Gleichmut
- Überwindung von mentalen und körperlichen Beschränkungen, z. B. Gier und Krankheit

Techniken und Verhaltensleitlinien

Dies sind starke Leistungsversprechen. Die Wissenschaft hat, wie wir später noch sehen werden, in den letzten Jahren sehr viele der genannten positiven Wirkungen bestätigt sowie zahlreiche darüber hinausgehende. Damit Yoga seine volle Wirkungskraft entfalten kann, ist nach Patañjali zweierlei nötig. Einerseits sollen die Yogaübenden ihr Verhalten an Prinzipien der Selbstführung („Niyamas") sowie der Gestaltung von Beziehungen zu anderen Menschen und zur Natur („Yamas") ausrichten. Ferner nennt Patañjali hilfreiche körperliche und mentale Techniken. Zwischen diesen Techniken und den Verhaltensprinzipien bestehen zahlreiche Wechselwirkungen, sie fördern sich gegenseitig. In ▶ Kap. 4 gibt es dafür zahlreiche Beispiele.

Auf die Verhaltensregeln für Selbstführung und Beziehungen wird in ▶ Abschn. 3.3.2 noch genauer eingegangen. Zunächst werfen wir einen kurzen Blick auf die körperlichen und geistigen Techniken, die in den Yogasutren aufgeführt sind.

3.3.1 Körperliche und geistige Techniken

Nach Patañjali beziehen sich yogische Methoden auf folgende Aspekte (Deshpanade 2010, S. 115–133):

- **Umgang mit dem Körper („Asanas")**

Die Praxis der Körperübungen dient im Grunde der Vorbereitung zum richtigen Sitzen im Meditationssitz. „Asanas" ist der Aspekt, der in Europa am bekanntesten ist und den die meisten Menschen mit Yoga verbinden. Es ist aber tatsächlich „nur" einer von mehreren Faktoren des Yoga.

- **Umgang mit dem Atem („Pranayama")**

Die Yogalehre geht davon aus, dass der Geist den Atem beeinflusst und umgekehrt. Wenn wir etwa unseren Atem zur Ruhe bringen, beruhigen wir damit auch, so bestätigt die Wissenschaft, unseren Geist. Bei intensiver Übung der Atemführung entwickelt sich ein hohes Maß an Körperbeherrschung.

- **Umgang mit den Sinnen („Pratyahara")**

Dies bezeichnet die Wendung nach innen, indem die fünf Sinne (Sehen, Riechen, Hören, Schmecken, Tasten) keine Verbindung mehr zu den jeweiligen Sinnesobjekten haben (sensorische Deprivation). Besonders für Anfänger ist es hilfreich, die Augen zu schließen und eine besonders reizarme, z. B. möglichst stille Umgebung, aufzusuchen.

- **Umgang mit dem Geist („Dharana, Dhyana, Samadhi")**

Konzentration („Dharana"), Meditation („Dhyana") und Versenkung („Samadhi") sind die drei zentralen Elemente des Yogaweges, die eng miteinander verwoben sind und in den Yogasutren als „innerer Kern" bezeichnet werden. In diesem inneren Kern des Yoga geht es darum, die Gedanken zur Ruhe kommen zu lassen (Ott 2013, S. 167).

Dranbleiben ist wichtig!

Um von den Vorteilen des Yoga zu profitieren, ist ausdauerndes Üben wichtig. Die Fortschritte hängen davon ab, wie viel Zeit und Energie Sie investieren. Für Entspannung, Konzentration und Stressbewältigung reichen 30 Minuten am Tag aus. Die Übungszeit kann über den Tag verteilt in kleinere Zeiteinheiten, z. B. jeweils 2–5 Minuten, aufgeteilt sein. Für tiefe Versenkung ist ein deutlich höherer Einsatz erforderlich. Yoga ist ein langsamer Wachstumsprozess. Dies gilt ganz besonders für die Meditation. Anders als Radfahren ist Meditation keine Fertigkeit, die Ihnen nach einmaligem Erlernen zur Verfügung steht. Um Ihr Gehirn wirkungsvoll zu trainieren, benötigen Sie regelmäßige Übung.

Aber Achtung: Besonders bei Anfängern führt Meditation nicht immer gleich zu einer Verbesserung des Empfindens. Häufig kommt es im Gegenteil zunächst zu einer subjektiv gefühlten Verschlechterung, wenn das Gedankenkarussell und der Bewertungswirrwarr im Kopf zum ersten Mal bewusst wahrgenommen werden.

Ablenkungen

Auch viele fortgeschrittene Meditierende erfahren immer wieder Unruhe, Langeweile, Motivations- oder Konzentrationsprobleme. Solche Hindernisse auf dem Weg zur Entspannung und erst recht zur tiefen Versenkung können in der allzu starken Fixierung auf bestimmte Zielsetzungen begründet liegen. Beim Yogaüben gilt es ein Paradox zu akzeptieren: Wir brauchen Motivation, um zu beginnen und dranzubleiben. Andererseits ist ein zu starkes Wollen ein Hindernis für das Erreichen tiefer Versenkung.

3.3.2 Leitlinien zur Selbstführung und Beziehungsgestaltung

Im Zusammenhang mit Führung ist besonders inspirierend, welche Anforderungen in Patañjalis Yogasutren an unsere Selbstführungsfähigkeiten („Niyamas") und unsere Beziehungskompetenzen („Yamas") gestellt werden. Die Prinzipien guter (Selbst-)Führung sind nicht als moralische Vorschriften aufzufassen. Sie sollen vielmehr als Richtschnur der persönlichen Entwicklung dienen (Deshpanade 2010, S. 119 ff.).

Yogische Prinzipien der Selbstführung – „Niyamas"

- **Reinheit in allen Dingen („Saucha")**

Das erste Prinzip des „Niyama" wird übersetzt mit Sauberkeit, Reinheit. Dem Körper soll äußere Hygiene, die richtige Ernährung und die nötige Bewegung gegeben werden, damit er gesund und elastisch bleibt.

- **Innere Ruhe („Santosha")**

Freude und Zufriedenheit finden in dem, was ist und was wir haben. Die Grundhaltung der Zufriedenheit, Genügsamkeit und Dankbarkeit hilft, das Streben nach Mehr im Zaum zu halten, und begünstigt Erfahrungen inneren Glücks durch Meditation.

- **Selbstdisziplin („Tapas")**

Bewusster Verzicht (Askese), der die Selbstbeherrschung von Körper und Sinnen steigert. „Tapas" bezeichnet das Wollen, das Commitment für die Entwicklung von Disziplin, Enthusiasmus und Lernbereitschaft. „Tapas" steht ebenso für das Durchhalten, besonders in schwierigen Zeiten.

- **Selbststudium („Svadhyaya")**

Das Bemühen, sich stets im Wege der Selbstreflexion mit seinem eigenen Verhalten – dem Denken, Sprechen, Fühlen und Handeln – kritisch auseinanderzusetzen.

- **Hingabe („Ishvara Pranidhana")**

Es geht darum, sich mit ganzem Herzen einer Sache hinzugeben, alle anderen Dinge und Geschehnisse loszulassen.

Yogische Prinzipien der Gestaltung von Beziehungen – „Yamas"

- **Mitgefühl, Güte und Gewaltlosigkeit („Ahimsa")**

Diese gelten gegenüber anderen Menschen und Lebewesen im Denken, Fühlen, Sprechen und Handeln.

- **Wahrhaftigkeit („Satya")**

Integer leben, authentisch sein und zu seinen Werten stehen. Dies umfasst, stets die Wahrheit zu sagen, gegenüber anderen und sich selbst ehrlich zu sein sowie anderen und sich selbst in die Augen schauen zu können.

- **Nicht Stehlen („Asteya")**

Nichts nehmen oder stehlen, was einem nicht gehört, und keinen Vorteil auf Kosten anderer haben. Damit sind Gegenstände, aber ebenso geistige Dinge gemeint, etwa geistiges Eigentum oder vertrauliche Mitteilungen. Auch anderen nicht die Zeit zu stehlen, wie das z. B. in Meetings leicht geschehen kann, ist hier gemeint.

- **Maßhalten, das eigene Maß finden („Brahmacharya")**

Vermeidung jeder Art von Maßlosigkeit, beispielsweise beim Essen, in der Sexualität oder beim Genuss von Rauschmitteln. Mit den Worten des Benediktinerpaters Anselm Grün geht es darum, das das eigene Maß zu finden. Beim beruflichen Aufstieg kann es sinnvoll sein, von Zeit zu Zeit darüber nachzudenken, was man selbst als Karriereziel anstrebt oder was vielleicht von außen als Erwartung an einen herangetragen wird.

- **Nicht Besitz ergreifen/nicht Anhaften („Aparigraha")**

Sich nicht durch seinen Besitz definieren und nicht besitzergreifend sein; die Kontrolle über Gedanken, Menschen und Erlebnisse loslassen. Das Delegieren von wichtigen Aufgaben ist eine praktische Umsetzung des Prinzips des nicht Anhaftens.

Reflexion Die zehn yogischen Verhaltensregeln bieten einen Referenzrahmen, um das eigene Führungsverhalten oder den Wertekern einer Organisation zu reflektieren. Vielleicht nehmen Sie sich einen Moment Zeit, um über die beiden folgenden Fragen nachzudenken. Wählen Sie vorher jene fünf Verhaltensregeln aus, die für Sie besonders wichtig sind:

- Wie stark entspricht mein Führungsstil den ausgewählten yogischen Prinzipien?
- Gespiegelt an den yogischen Verhaltensregeln, wo liegen die stärksten Handlungsbedarfe in der Entwicklung der Kultur meiner Organisation, meines Bereiches, meines Teams?

Erinnern Sie sich noch an die Ergebnisse, die von guter Führung erwartet werden? Falls nicht, blättern Sie doch noch einmal kurz zurück zu ► Abschn. 2.3. Wenn wir uns nun die Quintessenz der traditionellen Weisheitslehre Yoga vor Augen halten, ist die hohe Korrespondenz zwischen den Führungsergebnissen einerseits und den yogischen Techniken bzw. Verhaltensleitlinien anderseits deutlich erkennbar. Yoga strebt hohe Werte an wie Dienen, Wahrhaftigkeit, Mitgefühl, Dankbarkeit, die unternehmerischem Handeln Sinn verleihen können. Yoga lenkt unseren Blick auf Ganzheitlichkeit: Wir nehmen unser Körper-Geist-Netzwerk als Ganzes wahr, erkennen unser Eingebundensein in alles Lebendige und schätzen Andersartigkeit. Yoga fordert und fördert die Selbstreflexion und ein Leben mit Energie und Rhythmus.

Kompetenzentwicklung für gute Führung durch Yoga

Michael Schwalbach

M. Schwalbach, *Gute Führung durch Yoga und Meditation*, DOI 10.1007/978-3-662-48934-5_4

4

In diesem Kapitel erfahren Sie, wie und warum Yoga zur Entwicklung der einzelnen Kompetenzen beiträgt. Yoga hilft beim „Ent-wickeln", so drückt es Maik Lehmann, einer meiner Gesprächspartner zu Yoga und Führung, aus (► Abschn. 6.3). Vieles von dem, was gebraucht wird, ist schon da. Es geht weniger um das Hinzufügen – eher darum, das Potenzial im Menschen durch Wegnahme des Belastenden und Verwirrenden voll zu entfalten.

Der Schlüssel für gute Führung ist effektive Selbstführung. Betrachten wir also zunächst die **Selbstführungskompetenzen**, später dann die Kompetenzen für die Gestaltung gelingender Beziehungen (beginnend mit ► Abschn. 4.9).

4.1 Selbstwahrnehmung: Das Spürbewusstsein verfeinern

> Wenn Du einen reißenden Fluß sehen kannst, stehst Du schon über ihm. (Mingyiur Rinpoche)

4.1.1 Selbstwahrnehmung und Achtsamkeit beschreiben dieselbe mentale Verfasstheit

Wie sitzen oder stehen Sie jetzt, während Sie dies lesen? Aufrecht oder eher gebückt, mit hochgezogenen Schultern? Wie fühlt sich Ihr Nacken an, Ihre Schultern und Ihr Rücken? Spüren Sie Verspannungen oder sind Sie entspannt? Welche Gefühle nehmen Sie bei sich wahr? Sind sie ungeduldig oder gelangweilt oder eher interessiert und konzentriert? Es ist gar nicht so einfach und benötigt einige Übung, sich selbst wahrzunehmen.

Selbstwahrnehmung ist gefragt

Selbstwahrnehmung betrachten Unternehmensvorstände als eine kritische Anforderung an die Führungsqualität ihrer Nachfolger, der „Next-Generation"-CEOs. Dies zeigt eine aktuelle Befragung von weltweit 150 Vorständen. Warum wird die Fähigkeit zur Selbstwahrnehmung als so wichtig eingestuft? Weil diese Kompetenz nach Ansicht der befragten Vorstände die zukünftigen Spitzenführungskräfte in die Lage versetzt, Zusammenarbeit und Vernetzung weit stärker zu befördern, als dies heute der Fall ist (Heidrick & Struggles 2015). Topmanager erkennen offenbar den Wert der Selbstwahrnehmung für künftige Führungsgenerationen. Auch für die heutigen Vorstände – und letztlich für alle Menschen in einer Organisation – ist eine trainierte Selbstwahrnehmung ganz sicher von hohem Wert.

Selbstwahrnehmung und Achtsamkeit

Selbstwahrnehmung ist nach Daniel Goleman (1995, S. 51) *„ein neutraler Zustand, in dem die Selbstreflexion sogar inmitten turbulenter Emotionen aufrechterhalten wird"*. Erinnern wir uns an die Definition von Achtsamkeit von Jon Kabat-Zinn (2010, S. 18), wonach *„Achtsamkeit […] die absichtliche Lenkung der Aufmerksamkeit auf den gegenwärtigen Moment, ohne Bewertung"*, ist, dann wird die große

Übereinstimmung zwischen Selbstwahrnehmung und Achtsamkeit deutlich. Beide Begriffe beschreiben dieselbe mentale Verfasstheit. Selbstwahrnehmung bzw. Achtsamkeit sind trainierbar. Bereits kleine regelmäßige Übungen tragen dazu bei, sie zu kultivieren. Das zeigen die langjährigen Erfahrungen mit Achtsamkeitsmeditationen. An dieser Stelle gilt es einem Missverständnis vorzubeugen. Beim Trainieren von Selbstwahrnehmung bzw. Achtsamkeit geht es nicht darum, grundsätzlich nichts mehr zu bewerten. *„Wichtig ist nur“*, so die Hirnforscherin und MBSR-Trainerin Britta Hölzel in einem Interview (Schauenburg 2016, S. 79), *„Anhaftungen und Vermeidungen zu erkennen – wo zieht es mich hin, wogegen habe ich Widerstände – und dann nicht unmittelbar auf jeden Impuls zu reagieren, sondern auszusteigen aus diesem automatisch ablaufenden inneren Kommentieren.“*

Mit einer Kurzmeditation können Sie Ihre Selbstwahrnehmung immer dann trainieren, wenn Sie einen kleinen Moment Zeit haben. Um den sogenannten Atemraum zu praktizieren, benötigen Sie nicht mehr als 3 Minuten, 1 Minute für jeden der drei Schritte. (Video 1, http://goo.gl/6OTLTN)

Übung 1

Selbstwahrnehmung verfeinern – Den eigenen Atemraum spüren

Setzen Sie sich bequem hin. Finden Sie eine Position, in der Sie sich entspannt und aufmerksam fühlen. Schließen Sie während der kleinen Meditation die Augen, um Ihre Konzentration zu unterstützen. Atmen Sie durch die Nase, wenn Ihnen das möglich ist.

1. Wahrnehmen: Nehmen Sie alle Gedanken, Gefühle und Körperempfindungen bewusst wahr.
2. Sammlung: Beobachten Sie den Atem und ruhen Sie im gegenwärtigen Augenblick.
3. Ausdehnen: Nehmen Sie den Körper als Ganzes wahr.

Zum Abschluss atmen Sie noch einmal tief ein und aus. Öffnen Sie dann Ihre Augen.

Unterschätzte Emotionen

Besonders wichtig für die Selbstführung ist die Wahrnehmung der eigenen Emotionen, weil diese der eigentliche Antrieb unseres Handelns sind. Der Mensch ist primär ein emotionales Wesen. In vielen Unternehmen und Institutionen wird dieser wissenschaftliche Fakt aber nur zögerlich oder überhaupt nicht zur Kenntnis genommen. Zugegeben, es gibt mittlerweile in zahlreichen Unternehmen Seminare zur emotionalen Intelligenz. Und ja, es gibt offensichtlich eine Reihe von Vorständen, die von ihren Nachfolgern mehr Selbstwahrnehmungs- und emotionale Kompetenz erwarten. Allerdings herrscht bei vielen oberen Führungskräften und Topmanagern, oft analytisch geprägten Zahlenmenschen, immer noch eine Voreingenommenheit, nicht selten sogar Abneigung gegenüber Emotionen. Rationalität genießt dagegen ein hohes Ansehen in der Führung und die Verhaltensmaxime lautet: „Bleiben Sie sachlich." Klares Denken, besonders in Stress- und Drucksituation, braucht die Fähigkeit zur Wahrnehmung der eigenen Emotionen. Wir können unsere Emotionen nur dann steuern, wenn wir uns ihrer bewusst sind.

Kernaspekte der Emotion

In diesem Buch geht es oft um Gefühle und Emotionen, zwei Begriffe, die nur selten klar voneinander unterschieden werden. Psychologen betrachten Emotionen als komplexe, vorübergehende innere Zustände, die nicht alleine durch Gefühle wie Unruhe oder Stolz beschrieben werden können (**Fühlen**). Emotionen äußern sich auch in körperlichen Reaktionen, etwa durch Herzklopfen oder schnelle, flache Atmung (**Erleben**); in kognitiven Bewertungen, wie Angst vor Versagen (**Denken**); sowie in Mimik, Ausdruck und Verhalten (**Wirken**; ◘ Abb. 4.1).

Emotionen entstehen durch Bewertung

Auf der Ebene des Gehirns lassen sich die Emotionen oft gar nicht von der Kognition – dem Denken, Wahrnehmen und Erinnern – trennen. Praktisch jeder Gedanke, jede Wahrnehmung und jede Erinnerung wird von Emotionen begleitet. Die Emotionen und das entsprechende Verhalten werden nicht durch Tatsachen ausgelöst, sondern durch unsere **persönliche Bewertung** und Interpretation dieser Tatsachen. Ein wesentlicher Bestandteil von Achtsamkeitstrainings ist es daher, die in bestimmten Situationen automatisch ablaufenden Bewertungen zu erkennen, ganz bewusst wahrzunehmen und sich – so gut es geht – von ihnen zu lösen.

Die Bereichsleiterin eines großen Transportunternehmens erzählte mir von ihrer ersten Teilnahme an einer Sitzung des Gesamtvorstands – alles Männer. „Na, dann können Sie uns ja gleich einen Kaffee

◘ **Abb. 4.1** Vier Aspekte der Emotion. (Aus: Breuer und Frot 2010, S. 46)

machen", witzelte ein Vorstand unter vier Augen. Die Angesprochene konnte diese Bemerkung als misslungenen – vielleicht der Verunsicherung entsprungenen? – Versuch eines Scherzes einordnen und ihre Contenance bewahren. Ihre Reaktion dürfte weniger souverän ausgefallen sein, hätte sie die Aussage des Vorstands als Angriff auf ihre Person bewertet.

Emotionen wirken auf Geist und Körper

Beim Trainieren der Selbstwahrnehmung geht es neben der Wahrnehmung der eigenen Emotionen auch um die Verfeinerung der **Körperwahrnehmung**. Denn eine Emotion ist nicht nur eine psychologische, sondern auch eine körperliche Erfahrung, weil jede emotionale Erfahrung im Körper abgespeichert wird. In der Körperhaltung drückt sich der emotionale Zustand eines Menschen aus. Viele muskuläre und körperliche Probleme sind gleichsam im Körper *„gefrorene"* Emotionen (Ballreich et al. 2009, S. 42). Umgekehrt haben körperliche Signale Auswirkungen auf Gedanken und Emotionen. Probieren Sie es doch kurz aus: Ziehen Sie einfach für ein paar Momente die Mundwinkel nach oben und achten Sie darauf, wie Sie sich danach fühlen. Seien Sie nicht überrascht, wenn Sie sich besser fühlen.

Embodiment

In der modernen Kognitionswissenschaft spricht man von **Embodiment**, um die Ganzheitlichkeit und Wechselwirkungen von körperlichem Erleben und mentaler Verfassung zu beschreiben. Grundlage ist die enge Verzahnung der körperlichen und psychischen Reizverarbeitung im Gehirn. So begünstigt eine aufrechte und straffe Körperhaltung optimistisches Denken, wie eine Studie der Universität Witten/Herdecke aus dem Jahre 2014 zeigt (Albrecht 2014). Ein Zusammenhang zwischen Körper und Geist kann sogar auf ganz fundamentaler Ebene vermutet werden. Dazu ein kleines Gedankenexperiment, das Alva Noë (2010), Philosophieprofessor an der Universität Berkeley, erdacht hat: Stellen Sie sich vor, Ihr Gehirn würde Ihrem Schädel entnommen und in einen Glaskasten gesetzt. Keine wirklich angenehme Vorstellung, die aber zu der spannenden Frage führt: Könnte Ihr Gehirn, isoliert im Glaskasten, denken? Auf diese Frage gibt es bislang noch keine einheitliche, empirisch überprüfbare Antwort. Eine Reihe von Neurobiologen, Kognitionswissenschaftlern und Philosophen würden die Frage jedoch mit Nein beantworten. Diese Wissenschaftler sehen das Entstehen von Bewusstsein als Zusammenspiel zwischen Gehirn, Körper und Umgebung bzw. Raum (Hustvedt 2010, S. 49).

Stillsitzen kann Dinge in Bewegung bringen

Die Erfahrung von Ganzheit, der engen Verbindung von Körper und Geist, ist uns in der modernen Arbeitswelt abhandengekommen, verursacht durch hohe Arbeitsteilung und Dominanz der Wissensarbeit. Viele Menschen haben das Empfinden für ihren eigenen Körper verloren – und damit auch das lebensnotwendige Gespür für die leisen Botschaften, die er aussendet. Nehmen wir Tim Parks. Tim Parks ist Schriftsteller, also ein Wissensarbeiter, wie er im Buche steht. Parks saß bereits sein halbes Leben mit gekrümmten Rücken an seinem Schreibtisch und schrieb Bücher. Irgendwann bekam er schlimme Schmerzen im Unterbauch und Schwierigkeiten beim Wasserlassen. Er konnte nicht mehr richtig schlafen, weil er nachts häufig auf die Toilette musste, und auch die Beziehung zu seiner Frau litt. Ein befreundeter Arzt riet zur Prostataoperation. Parks, ein ausgesprochener Yoga- und Meditationsskeptiker, schildert in seinem Buch *Die Kunst stillzusitzen*, wie er trotzdem zur Meditation findet und mit deren Hilfe allmählich beschwerdefrei wird. Parks gelingt es, seinen Körper wieder zu spüren, Blockaden aufzulösen und eine wohltuende Balance zwischen Körper und Geist herzustellen. Während er sein Spürbewusstsein verfeinert, lernt er, dass sich Körper und Geist nicht trennen lassen. Parks beschreibt auch die inneren Hindernisse, die er überwinden muss, um still sitzen zu können.

4.1.2 Drei Teilkompetenzen der Selbstwahrnehmung

Kultur der Achtsamkeit

Daniel Goleman (1995) beschreibt in seinem einflussreichen Buch *Emotional Intelligence* drei Teilkompetenzen der Selbstwahrnehmung, die er „emotionale Kompetenzen" nennt und die nachweislich in außergewöhnlichen Führungsleistungen resultieren (◘ Abb. 4.2).

Selbstreflexion

Mit verbesserter Selbstwahrnehmung steigt die Teilkompetenz zur **Selbstreflexion**. Wenn Sie Ihre Aufmerksamkeit auf Ihre Emotionen und/oder Körperempfindungen lenken, wie in der obigen Kurzmeditation gezeigt, dann wird Ihre Großhirnrinde, der Neokortex, aktiviert. In diesem Gehirnareal geschieht die bewusste Bewertung und Verarbeitung von Informationen. Das Gehirn agiert nun nicht mehr im Standardmodus, in dem der überwiegende Teil der Informationen verarbeitet und bewertet wird. Je mehr Sie die Selbstwahrnehmung schulen, desto leichter fällt es Ihnen, Ihre Emotionen in Ihrem Körper zu erkennen, zu wissen, wo sie herkommen, und die Auswirkungen auf Ihre Verhaltensweisen in verschiedenen Situationen zu verstehen. Dazu gehört das Verständnis darüber, wie Ihre Verhaltensweisen auf andere wirken.

Selbsteinschätzung

Die zweite Teilkompetenz, die sich mit verbesserter Achtsamkeit entwickelt, ist die **treffende Selbsteinschätzung**. Damit ist das Wissen um die eigenen Stärken und Grenzen gemeint und, noch eine Ebene tiefer, die Erkenntnis der eigenen Werte. Besonders im Topmanagement ist häufig die systematische Überschätzung des eigenen Wissens

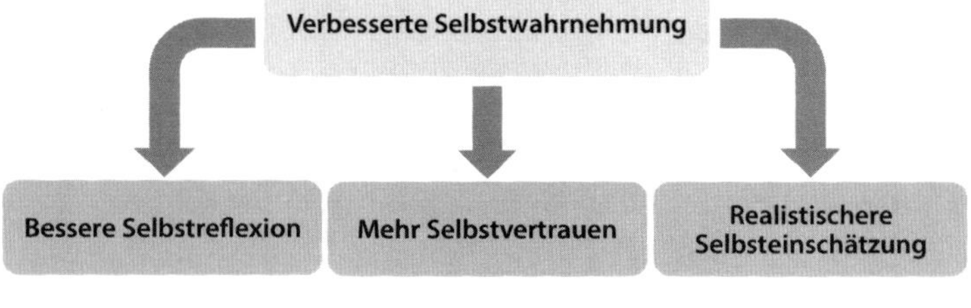

◘ **Abb. 4.2** Drei Teilkompetenzen der Selbstwahrnehmung

und der eigenen Fähigkeiten zu beobachten, wie die beiden Unternehmensberater Dierke und Houben (2010, S. 76) aus ihrer langjährigen Erfahrung urteilen. Die mangelnde Selbsteinschätzung kann vor allem dann schwerwiegende Folgen haben, wenn Musterwechsel nötig werden, weil die Rezepte der Vergangenheit für aktuelle Führungsfragestellungen nicht mehr ausreichen. Häufig genug halten Führungskräfte zu lange an ihren alten Erfolgsstrategien fest, ohne sie kritisch zu hinterfragen.

Eine wirklichkeitsnahe Selbsteinschätzung beinhaltet aus meiner Sicht besonders die konstruktive, von Selbstakzeptanz getragene Auseinandersetzung mit den eigenen Schwächen. Diese Sichtweise steht im Gegensatz zum Konzept der „Strength Based Leadership", das in den letzten Jahren hierzulande Verbreitung gefunden hat. Es greift zu kurz, wenn sich Führungskräfte nur auf ihre Stärken konzentrieren. Individuelle Schwächen können Engpassfaktoren auf dem Weg zu besserer Führung darstellen. Wer als Führungspersönlichkeit wachsen will, muss sich intensiv mit den Engpässen auseinandersetzen und sie Schritt für Schritt auflösen.

Die Reflexion über die individuellen Werte kommt in der Führungswirklichkeit häufig zu kurz. Was sind meine drei wichtigsten Werte? Diese Frage stürzt Führungskräfte regelmäßig in Verlegenheit. Dies gilt noch mehr für die folgenden Fragen: Wie passen meine Vorstellungen zu denen der Organisation? Welche Konsequenzen ergeben sich aus der Nichtpassung?

Selbstvertrauen

Die dritte Teilkompetenz, die durch höhere Achtsamkeit gestärkt wird, ist **Selbstvertrauen**. Die Bewertung unserer eigenen Verhaltensweisen erfolgt meist unbewusst. Wie oft erzählen wir uns schlechte Geschichten über uns selbst, ausgelöst durch überzogene, zum Teil unrealistische Leistungsanforderungen an uns? Erst das Sich-bewusst-Machen dieser Bewertungsmechanismen erlaubt uns, die Gefühle, die eine Situation ausgelöst haben, anzupassen und anders mit der Situation umzugehen. Das Lösen von den ständigen, oft negativen Beurteilungen uns selbst gegenüber, führt zu einem starken Gefühl von Selbstwert und eigenen Fähigkeiten (Tan 2013, S. 82 ff.).

Wer eine erhöhte Selbstwahrnehmung entwickelt, kann das Spürbewusstsein wie den Strahl einer Taschenlampe nutzen, um sich selbst, seinen Körper und seine Gedanken klarer wahrzunehmen (◘ Abb. 4.3). Die Wahrnehmung ist ungeteilt im Hier und Jetzt, auf Körper und Gedanken gerichtet. Selbstwahrnehmung geht sogar noch weiter. Sie erlaubt uns wahrzunehmen, wie wir gerade wahrnehmen, welche Filter unsere Wahrnehmung trüben und welchen Bewertungen unser Denken unterliegt. Damit haben wir die Möglichkeit, unsere Wahrnehmung und unser Denken bewusst zu steuern.

Schlüsselkompetenz Selbstwahrnehmung

Selbstwahrnehmung oder Achtsamkeit sind die Schlüsselkompetenz für gute (Selbst-)Führung. Denn sie ermöglichen die Verbesserung der elf anderen Kompetenzen für gute Führung. Umgekehrt wächst die Selbstwahrnehmung mit jeder der elf Kompetenzen.

Abb. 4.3 Selbstwahrnehmung fokussiert die Wahrnehmung

Die nachfolgende kleine Meditation hilft Ihnen, wenn Sie Selbstwahrnehmung üben wollen. Für den Anfang reichen insgesamt 3 Minuten. Sie können die Übung als Alternative zu Übung 1 oder im Wechsel nutzen. (Video 2, http://goo.gl/mx2U4e)

Übung 2

Selbstwahrnehmung verfeinern – Fühlen Sie Ihren Rhythmus
Setzen Sie sich bequem hin, mit aufrechter Wirbelsäule. Schließen Sie Ihre Augen und atmen Sie durch die Nase, wenn Ihnen das möglich ist.
Fühlen Sie mit den Fingern der rechten Hand den Puls an Ihrem linken Handgelenk bzw. umgekehrt, wenn Sie Linkshänder sind. Die Finger der rechten Hand liegen aneinander. Platzieren Sie die Finger der rechten oder linken Hand so, dass Sie den Puls in jeder Fingerspitze spüren können.
Schließen Sie nun die Augen und nehmen Sie für 2 Minuten jeden Pulsschlag bewusst wahr. Sollten Ihre Gedanken abschweifen, führen Sie sie sanft, aber bestimmt zum Pulsschlag zurück.
Beenden Sie die Meditation, indem Sie tief ein- und ausatmen. Öffnen Sie dann die Augen.
Sie können diese Meditation bis auf 11 Minuten ausdehnen.

4.1.3 Yoga für die verbesserte Selbstwahrnehmung

Yogische Trainingstechniken sind hervorragend geeignet, die Selbstwahrnehmung zu entwickeln. Die fortwährende, möglichst bewertungsfreie Wahrnehmung der eigenen körperlichen und psychischen Zustände, das selbstreflexive Spüren und Beobachten, ist im Yoga bereits eine seit Jahrtausenden geläufige Praxis. Körperhaltung, Atmung und Aufmerksamkeit sind stets miteinander verbunden. Es geht in der Yogapraxis um Bewusstheit und die sanfte Erweiterung der eigenen mentalen und körperlichen Grenzen. Yogaübungen sind ein wesentlicher Bestandteil der sogenannten Mindfulness-based Stress Reduction (MBSR), einem erfolgreichen Anti-Stress-Programm, das mittlerweile auch im therapeutischen Bereich breite Anwendung findet.

Trennung von Beobachtung und Bewertung

Yogaübende lernen die grundlegende Technik zur Erweiterung der eigenen mentalen Grenzen, die Trennung von Beobachtung und Bewertung. Wer diese Technik beherrscht, ist in der Lage, hinderliche Bewertungen zu erkennen, und kann dann lernen, sie durch förderliche zu ersetzen oder sich ganz von ihnen zu lösen. Das Nichtidentifizieren mit den eigenen Gedanken und Bewertungen ist ein Grundpfeiler des yogischen Selbstverständnisses.

Ein praktisches Beispiel ist die Differenzierung von Schmerz und Leiden. Schmerz ist ein physiologisches Phänomen, Leiden ist unsere Bewertung dieses Sachverhalts. Bei herausfordernden Übungen können Yogaschüler zeitweise Muskelschmerzen verspüren. Es kommt dann darauf an, wie sie damit umgehen. Ich erinnere mich noch gut an meine ersten Yogastunden. Meine Oberschenkel zwickten und die Bauchmuskeln meldeten sich heftig. In meinem Kopf begann das leidvolle Gejammer darüber, wie schwer und unnötig das alles sei. Mit der Zeit lernte ich, mich auf die Beobachtung des Schmerzes zu konzentrieren, sobald er auftauchte. Meine Haltung dazu war nun, der Schmerz sei ein Zeichen dafür, wie gut ich mich im Yogaunterricht engagierte. Von da ab wurde es leichter.

Tiefer Blick ins ruhige Wasser

Yoga ist eine kontemplative Praxis. Wenn die Alltagsaktivität sinkt, wenn im Außen und im Innen Ruhe einkehren, dann können wir tief in uns hineinhören und -spüren. Wenn das Wasser ruhig ist, geht der Blick tiefer. Wir können uns mit unseren tieferen Beweggründen, Werten und Wahrheiten verbinden, unsere Selbsteinschätzung überprüfen. Ob wir etwa noch gemäß unserer Werte agieren oder zu unseren Schwächen stehen.

Vor allem im Umgang mit uns selbst sind wir gerne überzogen kritisch. Sich von negativen, beschränkenden Selbstbewertungen zu befreien, fördert nicht nur eine positive, der Gesundheit zuträgliche Grundstimmung. Auch das Erlernen neuer Fähigkeiten und Fertigkeiten wird durch mehr Selbstvertrauen erleichtert. Yogatraining kann hier gut unterstützen. Im Yoga schulen wir beim Üben eine wohlwollende Haltung uns selbst gegenüber, abseits vom sonst gewohnten Leistungs- und Anspruchsdenken.

Aufmerksam durchgeführte ungewöhnliche Körperhaltungen und Bewegungsmuster aktivieren das Gehirn. Es wird Körperbewusstheit ermöglicht (Trökes und Knothe 2010) oder ein „Wiederbewohnen des Körpers", in den Worten von Jon Kabat-Zinn (Schneider 2012). Diese erstaunliche Entwicklung durfte ich bei mir selbst erleben. Als junger Mann war ich durchaus sportlich gewesen. Im Laufe meines Berufslebens wurde ich langsam, ohne es wirklich zu bemerken, träge und übergewichtig. Tagsüber saß ich in Meetings, am Schreibtisch oder im Flugzeug, spät abends ging ich essen – ein typisches Beraterleben eben. Im Laufe der Yogapraxis begann ich langsam, meinen Körper wieder zu spüren. Nach und nach stieg meine Lust an Bewegung. Statt fernzusehen, ging ich joggen, fing an zu schwimmen und Rad zu fahren. Ich freue mich immer noch über die wiedergewonnene Vitalität und Lebendigkeit, die damit einhergehen. Leichter bin ich auch geworden.

4.2 Körperliche Regeneration: Auf Energie und Rhythmus achten

» Wenn wir nicht auf unseren Körper achten, sind wir suboptimal in allem, was wir tun. (Tony Schwartz)

Wie der Start eines Unternehmens in eine Kultur der Regeneration mit Yoga gelingen kann, zeigt das Beispiel des Versicherungsunternehmens Aetna.

Ein Unternehmen auf dem Wege zu einer Kultur der Regeneration

Das Versicherungsunternehmen Aetna gehört zu den 100 umsatzstärksten Firmen der USA. Seit 2012 bietet das Unternehmen allen Mitarbeitern Yoga- und Meditationskurse an. Die treibende Kraft für diese Initiative war und ist der CEO, Mark T. Bertolini, der nach einem schweren Skiunfall mit gravierenden Halsverletzungen nur mithilfe von Yoga genesen konnte, da ihm die Schulmedizin nicht hatte helfen können.

Mehr als 13.000 der 50.000 Mitarbeiter haben mittlerweile an den Kursen teilgenommen. Niemand wird zur Teilnahme verpflichtet, und es gibt auch keine spezifischen Anreize für die Kursteilnahme. Trotzdem sind die Kurse in der Regel überbucht. Die Ergebnisse der Maßnahmen sprechen für sich: Im Durchschnitt konnte bei jedem Teilnehmer ein Produktivitätsgewinn von 3.000 US $ pro Jahr gemessen werden. Dies war nicht etwa mit weniger, sondern besserer Gesundheit der Kursteilnehmer verbunden. Die Mitarbeitenden berichteten über signifikant weniger Stressempfinden und Schmerzen sowie deutlich bessere Schlafqualität (Gelles 2015).

4.2.1 Körperliche Regeneration ist die Basis erfolgreicher Führung

Wir selbst sind unser wichtigstes Arbeitsinstrument!

Im modernen Arbeitsleben nutzen wir vielerlei technische Hilfsmittel, die unsere Effizienz und Leistungsqualität steigern sollen. Dabei vergessen wir allzu leicht, dass wir selbst unser wichtigstes Arbeitsinstrument sind. Wir sind ein komplexes, auch von der Wissenschaft bislang nur in Umrissen verstandenes Körper-Geist-Netzwerk. *„Die körperliche Regeneration ist die Basis erfolgreicher Führung"*, so Tony Schwartz (2010, S. 49), Gründer der Initiative „The Energy Project", die sich der Verbesserung unseres **Energiemanagements** am Arbeitsplatz verschrieben hat. Es gibt mittlerweile einige Personalberater, die sich bei der Auswahl von Führungskräften dafür interessieren, über welche Strategien Kandidaten verfügen, um mit Belastungen umzugehen.

Der richtige Umgang mit dem Körper gehört nach Patañjali zu den grundlegenden Techniken des Yoga („Asanas"). Der Körper erfährt eine hohe Wertschätzung, er wird als „Tempel des Geistes" angesehen. Der berühmte Geigenvirtuose und Dirigent Yehudi Menuhin pries die Yogalehre, mit deren Hilfe er eine schwere körperliche und mentale Krise überwunden hatte. Yoga verleihe, so Menuhin, eine neue Perspektive auf den eigenen Körper, unser wichtigstes Instrument, und lehre den einzelnen, wie er *„die größte Resonanz und Harmonie"* daraus ziehen könne (Broad 2013, S. 77 f.).

Erfreulicherweise haben einige Topmanager die große Bedeutung der persönlichen Energie erkannt. Wie Frau Dr. Wolff-Hertwig, CEO des Energieversorgers HEAG/HSE feststellt, muss man *„als Führender [...] ein bestimmtes, relativ hohes Maß an Energie mitbringen"* (ifp 2014, S. 7 ff.). Dr. Appel, Vorstandsvorsitzender der Deutschen Post, sieht sich als CEO, *„Chief Energy Officer"*, der die Organisation energetisiert (Schlesiger 2012, S. 3). Wir sind allerdings noch weit davon entfernt, mit Energie und Rhythmus zu führen und zu arbeiten. Wenn Otto Scharmer (2014a) die mangelnde Wahrnehmung der inneren Verfasstheit als den „blinden Fleck" von Führung bezeichnet, dann ist das fehlende Bewusstsein bezüglich unserer körperlichen Energie geradezu ein großes schwarzes Loch. Das Ergebnis: Im Laufe unseres Berufslebens steigt die Verantwortung, aber bei den allermeisten Menschen sinkt die körperliche Energie.

Pulsierende Unternehmenskultur

Vermutlich ist keine Verhaltensveränderung in Unternehmen schwieriger umzusetzen als die Etablierung einer „pulsierenden Kultur", mit ausreichend Gelegenheiten zur Erneuerung. In sehr vielen Unternehmen und Institutionen herrscht eine Führungskultur, die den Menschen als informationsverarbeitende Maschine betrachtet und dem Paradigma „höher, schneller, weiter" verhaftet ist. Vorstellungen von **Energie und Rhythmus**, die in der Yogapraxis eine wichtige Rolle spielen, werden nur selten berücksichtigt. Meetings z. B. dauern oft 3–4 Stunden, ohne oder nur mit kurzer Pause, die nicht ausreicht, um zu regenerieren. Unter Energiegesichtspunkten ist dieses Verhalten kontraproduktiv. Insgesamt gesehen arbeiten wir zu lange, ernähren uns schlecht, machen zu wenige Pausen und schlafen zu wenig. Wir machen uns abhängig von Energydrinks, die uns Flügel verleihen sollen. Stellen Sie sich einen Moment vor, wie es stattdessen sein könnte: Sie kümmern sich um sich, folgen Ihrem Rhythmus und regenerieren regelmäßig, damit Sie gesund, fit und stressresistent sind. Sie verleihen sich selbst auf gesunde Art Flügel.

Wir benötigen Regeneration

Regeneration kann auf zwei Weisen geschehen. Die „aktive" Regeneration bringt das Herz-Kreislauf-System in Schwung, Ausdauer und Muskelaufbau werden gefördert. Die „passive" Regeneration, wie Bücher lesen, Musik hören oder langsames tiefes Atmen, führt hingegen zu einem Absinken des physiologischen Erregungsniveaus. Es gibt eine Reihe von Führungskräften, die aktive Regeneration betreiben. Ausdauersportarten wie Marathon, Schwimmen, Radfahren oder sogar Triathlon stehen hoch im Kurs. Grundsätzlich ist Sport und Bewegung essenziell für eine ausbalancierte körperliche Energie. Nur wird der Sport häufig mit dem gleichen Leistungsanspruch durchgeführt wie im Berufsleben, der Adrenalinspiegel bleibt hoch. Ein Leben mit Rhythmus gibt auch der passiven Regeneration Raum, Phasen der Anstrengung lösen sich mit Phasen der Entspannung ab.

Ein gesunder Körper ist eine Ansammlung pulsierender Systeme mit einem spezifischen Rhythmus. Atmung, Herzschlag, Gehirnwellen, Körpertemperatur, Blutdruck, Hormonstand – alles pulsiert. Unser Körper gibt uns ungefähr alle 90 Minuten Signale für eine Pause. Das spüren wir dann als körperliche Unruhe, verringerte Aufmerksamkeit oder stärkere Reizbarkeit. Häufig genug nehmen wir jedoch diese Anzeichen nicht wahr, besonders in Phasen hoher Beanspruchung. Es ist unser fundamentales Bedürfnis, Energie zu verbrauchen und zu erneuern. Je stärker die Anforderung ist, desto größer wird der Bedarf für Erneuerung (Schwartz 2010, S. 50 f.). Unser Gehirn und Körper verbrauchen während eines Arbeitstages viel Energie. Das Gehirn macht zwar nur ca. 2 % unserer Körpermasse aus, verbraucht aber unglaubliche 22 % der Ruheenergie. Das Treffen von Entscheidungen oder das Lernen beispielsweise kosten Ihr Gehirn reichlich Energie, genauso wie Stress und emotionale Belastungen.

Das Funktionsprinzip der Resilienz

Das menschliche Körper-Geist-System können Sie sich als starke, doch ausgesprochen elastische Feder vorstellen. Wenn Sie ein Gewicht an diese hängen, wird die Kraft der Feder es auffangen und kompensieren. Ähnlich verhält sich Ihr Organismus: Belasten Sie ihn, wirken seine äußerst komplexen Regulationssysteme ausgleichend. Dieses Funktionsprinzip, das Fundament der **Resilienz**, wird Homöostase genannt. Falls Sie jedoch immer mehr und immer schwerere Gewichte an die Feder hängen, verliert sie irgendwann ihre Elastizität, ihre Spannkraft erschöpft sich, sie leiert aus. Das kann – je nachdem, wie stark die Feder ist – früher oder später passieren (Bauhofer 2014, S. 154).

Pulsierendes Arbeiten ist effizient und effektiv

Wie **pulsierendes Arbeiten** erlebt werden kann, beschreibt Tony Schwartz (2010, S. 116 f.) am Beispiel der Wirtschaftsprüfung Ernst & Young. Kurz vor der arbeitsintensiven Zeit der Abschlüsse lernte das Team eines Managing-Partners in den USA, mit Energie und Rhythmus zu arbeiten: 90 Minuten ohne Ablenkung arbeiten, gefolgt von längeren Pausen. Mittags machten die Wirtschaftsprüfer eine Pause von einer Stunde, die viele nutzten, um sich zu bewegen oder ins Fitnessstudio zu gehen. Danach fühlten sie sich erfrischt und konnten effizient weiterarbeiten. Häufig konnten die Prüfer dann das Büro früher verlassen, als dies vorher der Fall gewesen war. Die darauffolgende Prüfsaison wurde von vielen Teammitgliedern als die entspannteste beschrieben, die sie je erlebt hatten. Insgesamt konnte das Team mehr Arbeit (Fälle) mit weniger Aufwand bewältigen. Und die Kundenunzufriedenheit, gemessen an den eingegangenen Beschwerden, ging ebenfalls zurück. Dies ist übrigens kein Einzelfall. Tony Schwartz hat in seiner Zeit als „Energieberater" zahlreiche solcher Erfahrungen gemacht.

Den Wechsel von voller **Konzentration** und **bewusster Pause**, wie ich ihn auch im Yogatraining immer wieder erlebe, habe ich mir beim Schreiben dieses Buches zunutze gemacht. Während ich als Berater oft stundenlang an Präsentationen saß, ständig unterbrochen von E-Mails, Telefonaten und Meetings, ging ich hier anders vor. Ich begann, wochentäglich um 7:30 Uhr zu schreiben, und hielt mich meist strikt an den 90-Minuten-Rhythmus – ohne Unterbrechung. Jeweils drei 90-Minuten-Zyklen nutzte ich für das Schreiben, den Rest des Tages für andere Arbeiten. Ob sich das positiv auf das Ergebnis ausgewirkt hat, müssen Sie entscheiden. Mir war es jedenfalls auf diese Weise möglich, das „Projekt Buch", abgesehen von einigen kleineren Durchhängern, mit Freude und einer gewissen Leichtigkeit fertigzustellen.

Bei regelmäßiger Yogapraxis wächst die Kompetenz der Übenden, den eigenen Rhythmus zu erkennen und ihm zu folgen. In jeder Übung wird die **Atemführung** rhythmisch mit Anspannung und Entspannung, Bewegung und Ruhe verbunden. Auch die Atemführung selbst kann in unterschiedlichen Rhythmen erfolgen, etwa in der tiefen, langsamen Yogavollatmung oder in der schnellen und flachen Atmung. Oft ist es für Anfänger ein „Aha-Erlebnis", den Rhythmus des eigenen natürlichen Atems zu erfahren: Einatmen – Pause – Ausatmen – Pause (◘ Abb. 4.4).

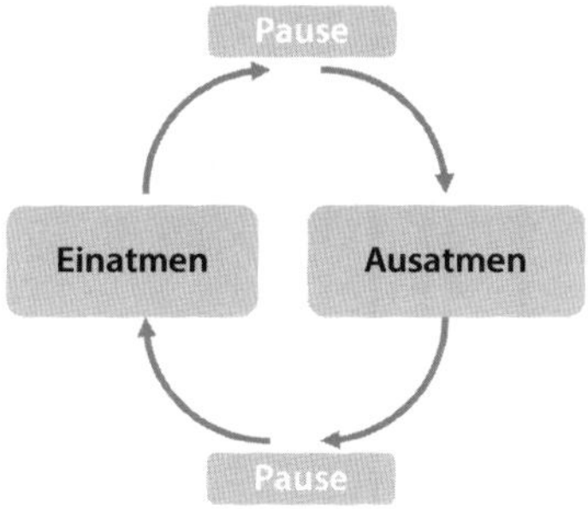

◘ **Abb. 4.4** Der Atemzyklus

Jon Kabat-Zinn (2013, S. 132 f.), der seit vielen Jahren allmorgendlich Yoga praktiziert, beschreibt die energetisierende Wirkung von Yoga aus eigener Erfahrung: „*Vielleicht ist das bemerkenswerteste an Yoga, dass man* ***nach*** *den Übungen voller Energie ist. Selbst wenn man vorher erschöpft war, kann man sich durch ein wenig Yoga nach kurzer Zeit vollständig regeneriert fühlen.*" Für den klugen Umgang mit dem eigenen Energiehaushalt hat Yoga indes noch wesentlich mehr zu bieten als energetisierende Körperübungen.

4.2.2 Körperliche Energie in Balance – und wie Yoga unterstützt

Für eine ausbalancierte körperliche Energie sind laut westlicher Wissenschaft Ernährung, Bewegung und Schlafen die wichtigsten Grundlagen. Nach yogischer Vorstellung kann unsere individuelle Energie auch durch die Atmung, genauer die Atemkontrolle, positiv beeinflusst werden (◘ Abb. 4.5).

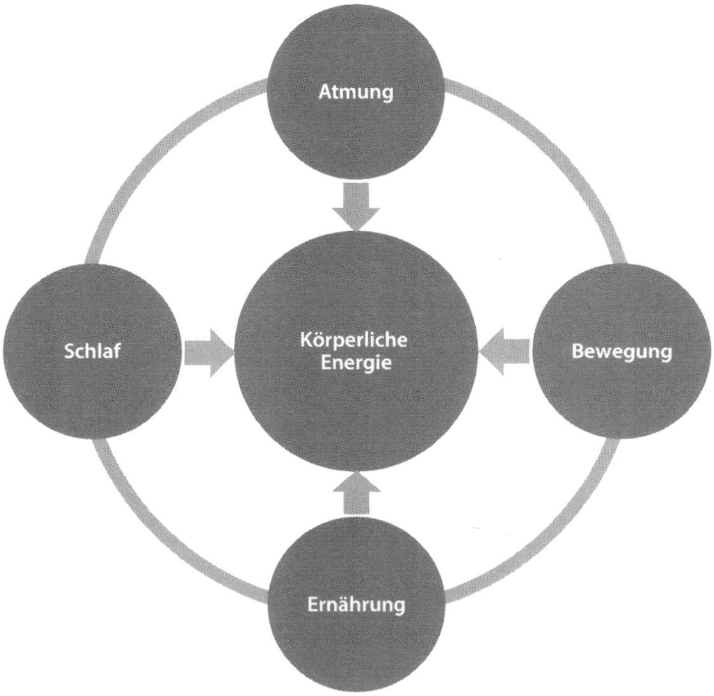

◘ **Abb. 4.5** Vier Einflussfaktoren der körperlichen Energie

Bewusste Atmung hilft bei der Steuerung der körperlichen Energie

Wir atmen innerhalb von 24 Stunden mehr als 20.000 Mal ein und aus. Dies geschieht automatisch, ohne dass wir darüber nachdenken müssen. Unsere Atmung ist eng mit körperlichen und psychologischen Vorgängen verknüpft, sie reagiert sehr sensibel auf alle inneren und äußeren Einflüsse. Das Gehirn beispielsweise pulsiert, aber nicht im Takt des Herzschlags, sondern im Takt der Atmung. Sind wir entspannt und ausgeglichen, atmen wir ruhig, tief und gleichmäßig. Befinden wir uns in einer angespannten Situation, haben Angst oder sind gestresst, so wird unsere Atmung flacher und schneller. Umgekehrt können wir durch eine bewusste, tiefe und lockere Atmung Anspannung abbauen und unser vegetatives Nervensystem positiv beeinflussen. Wie wir atmen, hat also einen erheblichen Einfluss auf unsere Energie und Gesundheit.

Atemtechniken

Der geübte Umgang mit dem Atem besitzt im Yoga einen hohen Stellenwert. „Pranayama", wie die Atemübungen überschrieben werden, bedeutet so viel wie „das Lenken der Lebensenergie durch bewusstes Atmen" und umfasst acht Atemtechniken.

Besonders häufig genutzt werden die Vollatmung, die wechselseitige Nasenatmung und die schnelle flache Atmung. Die beruhigende Wirkung der langsamen und vertieften Atmung sowie der wechselseitigen Nasenatmung ist unstrittig, wenn auch bei Letzterer die genauen Wirkmechanismen wissenschaftlich noch nicht verstanden werden. Diese Atemformen sind ein wichtiges Element vieler Entspannungsverfahren und Körpertherapien. Sie eignen sich sehr gut für die „passive Erneuerung" (Ott 2013, S. 152).

Die Vollatmung ist eine grundlegende Yogatechnik. Sie ist besonders hilfreich in Stresssituationen, die uns Energie rauben. Eine Atempause dauert nicht länger als 5 Minuten. (Video 3, http://goo.gl/Xb40zM)

Übung 3

Energie gewinnen – Gönnen Sie sich eine intensive Atempause
Am besten lernen Sie die Yogavollatmung schrittweise. Wenn möglich, schließen Sie während der Atemübung die Augen, um Ihre Konzentration zu unterstützen, und atmen Sie durch die Nase. Stehen Sie bequem, mit hüftbreit gespreizten Beinen und aufgerichteter Wirbelsäule. Halten Sie die Schultern entspannt und nehmen Sie sie leicht zurück, sodass sich Ihr Brustkorb öffnen kann. Versuchen Sie jetzt, nacheinander die drei Atemphasen zu spüren. Sie können dazu Ihre Hände auf die jeweilige Körperregion legen.

1. **Bauchatmung**
   Spüren Sie für einige Augenblicke, wie sich die Bauchdecke beim entspannten Atmen ganz von selbst bewegt. Verstärken Sie dann diese Bewegung durch tiefes Atmen in den Bauch. Ihr Bauchnabel bewegt sich beim Einatmen – von der Wirbelsäule aus gesehen – nach vorne. Legen Sie den Fokus auf eine tiefe Ausatmung und blähen Sie den Bauch beim Einatmen nicht krampfhaft auf. Eher bewegt sich die Bauchdecke wie eine Schwingtür, die Sie loslassen, wieder nach außen. Falls Ihnen durch das vertiefte Atmen schwindelig werden sollte, verlangsamen Sie bitte die Atmung.
2. **Brustatmung**
   Nehmen Sie zuerst wieder die spontanen Atembewegungen im Brustraum wahr und dehnen Sie diese dann willentlich aus, ohne sich zu sehr anzustrengen. Gehen Sie behutsam vor, als wollten Sie einer Schaukel, die bereits hin und her schwingt, einen sanften zusätzlichen Schubs geben. Spüren Sie auch diese Phase, in der sich die Brustwand etwas stärker weitet und zusammenzieht, ein paar Atemzüge lang.
3. **Atmen in die Lungenspitzen**
   In der dritten Phase legen Sie Ihre Fingerspitzen auf den oberen Brustraum in Höhe des Schlüsselbeins. Ist auch dort oben noch eine Atembewegung zu spüren? Versuchen Sie, auch in diesen Bereich verstärkt hineinzuatmen. Sollten Sie (noch) nichts spüren, dann machen Sie sich keine Sorgen. Mit etwas Übung werden Sie sich auch diese Atemregion erschließen.
4. **Und jetzt alles zusammen: Yogavollatmung**
   Jetzt können Sie alle drei Bereiche nacheinander mit Luft befüllen, wobei die Übergänge fließend sind. Atmen Sie zuerst in den Bauch, dann lassen Sie die Atemluft weiter in den Brustkorb fließen, bis sie schließlich auch die oberen Lungenspitzen ausfüllt. Bei der anschließenden Ausatmung brauchen Sie keine Reihenfolge zu beachten. Ziehen Sie den Nabel deutlich, aber nicht zu heftig, zur Wirbelsäule ziehen, um die restliche Luft aus der Lunge zu befördern. Wiederum liegt der Fokus auf der vertieften Ausatmung.

Atmen Sie 10 Mal ein und aus.
Sie können die Yogavollatmung auch im Sitzen oder Liegen durchführen.

Ein gut funktionierendes Körper-Geist-Netzwerk braucht Bewegung

Mehr Bewegung bitte!

Die in Unternehmen allerorten anzutreffende schlechte Fitness und Vitalität hängt mit zu wenig Bewegung zusammen. Die meisten Deutschen bewegen sich nicht einmal eine Stunde am Tag, den Arbeitsweg mit eingerechnet (Techniker Krankenkasse 2013). Dabei ist schon eine geringe körperliche Aktivität wie ein Spaziergang oder der wiederholte Gang zum Kopierer gut für Ihren Rücken und Ihren Kreislauf. Außerdem trainieren Sie auch Ihr Gehirn. Bei Bewegung produziert unser Nervensystem Botenstoffe, sogenannte Neurotransmitter, welche eine verbesserte Speicherung und Verknüpfung von Wissen bewirken. Deswegen gehen wir gerne umher, wenn wir schwierige Probleme zu lösen haben. Unter gesundheitlichen Aspekten ist es noch effektiver, den Kreislauf durch Bewegung ordentlich in Schwung zu bringen, etwa durch Treppensteigen.

Eine kleine Übung im Sitzen hilft Ihnen, Ihre Wirbelsäule beweglich zu halten und Rückenschmerzen vorzubeugen. (Video 4, http://goo.gl/icF6fv)

Vitalität

Übung 4

Rücken kräftigen – Bringen Sie Ihre Wirbelsäule in Bewegung
Wenn möglich, atmen Sie während der Übung durch die Nase und halten Sie die Augen geschlossen, um Ihre Konzentration zu erleichtern.
Kommen Sie in die aufrechte Sitzposition: Setzen Sie sich auf den Stuhl, ohne sich anzulehnen. Achten Sie darauf, dass die Füße hüftbreit auseinander stehen und guten Kontakt zum Boden haben. Richten Sie Ihre Wirbelsäule nach oben auf, als würden Sie wie eine Marionette in Ihrer Kopfmitte an einer Schnur hängend nach oben gezogen. Machen Sie ein leichtes Doppelkinn, die Halswirbel sind dann gestreckt. Die Schultern dürfen Sie entspannt hängen lassen und etwas nach hinten nehmen, damit sich Ihr Brustkorb öffnen kann.
Legen Sie nun die Handflächen bequem auf die Oberschenkel. Atmen Sie ein und machen Sie dabei ein Hohlkreuz, drücken Sie Ihre Wirbelsäule nach vorne und richten Sie den Brustkorb auf. Beim Ausatmen wölben Sie die Wirbelsäule nach hinten. Halten Sie während der Übung den Kopf gerade, sodass er sich möglichst wenig nach oben und unten bewegt. Achten Sie darauf, den Kopf während der Übung nicht zwischen die Schultern sinken zu lassen. Die Übung fühlt sich an, als würden Sie auf einem Kamel reiten. Wiederholen Sie diese Bewegung 2 Minuten lang.
Kommen Sie dann zurück in die aufrechte Sitzposition. Atmen Sie danach noch einige Male tief ein und aus.

Im klassischen Yoga dient die Bewegung als Vorbereitung für die Meditation. Bei den Körperübungen wird besonderer Wert auf Beweglichkeit, Koordinationsfähigkeit, Gleichgewicht und Kraft gelegt. Yogaübungen steigern nachweislich die Balance und Beweglichkeit, regelmäßig Übende spüren einen Muskelzuwachs. Nicht zuletzt kommt es zur Linderung von Schulter-, Rücken- und Nackenschmerzen, unter denen besonders viele Menschen im Büro leiden und die die Vitalität stark einschränken können (Broad 2012, S. 207 ff.).

Nach einer Metastudie der Erasmus-Universität Rotterdam aus dem Jahre 2014 (die insgesamt 27 Studien mit ca. 2.800 Testpersonen umfasst) ist Yoga sogar ein guter Ersatz für Joggen. Mit Yogaübungen konnten die Testpersonen Blutdruck, Cholesterinwerte und Gewicht senken. Yoga sei so gut wie Ausdauersport und halte das Herz fit, so die niederländischen Forscher (Podbregar 2014).

Wenn Sie etwas gegen Rücken-, Nacken- und Schulterschmerzen tun wollen, probieren Sie folgende Übungsreihe aus. (Video 5, http://goo.gl/a6fqQC)

Übung 5

Oberkörper flexibilisieren – Bewegen Sie den Stress aus Ihren Muskeln

Sie können jede dieser Übungen (Teil 1–4) einzeln durchführen. Am effektivsten ist es jedoch, wenn Sie sie als Übungsreihe nacheinander machen. Wiederholen Sie jede der Übungen mindestens 10 Mal. Wenn Sie können, atmen Sie während der Übung durch die Nase und halten Sie die Augen geschlossen. Mit geschlossenen Augen können Sie sich besser auf das konzentrieren, was Sie gerade tun.

Teil 1

Mit der ersten Übung flexibilisieren Sie Ihre Wirbelsäule. Setzen Sie sich auf den vorderen Teil Ihres Stuhls, mit hüftbreit auseinander stehenden Füßen. Spüren Sie die Verbindung Ihrer Fußsohlen mit dem Boden. Legen Sie die Handflächen auf die Knie und richten Sie Ihre Wirbelsäule auf.

- Mit dem Einatmen gehen Sie ins Hohlkreuz und strecken Sie Ihre Wirbelsäule nach vorne. Mit dem Ausatmen dehnen Sie Ihre Wirbelsäule nach hinten.
- Achten Sie während der Bewegung darauf, dass der Kopf nicht zwischen die Schultern sinkt.

Teil 2

Auch die folgende Übung fördert die Beweglichkeit Ihrer Wirbelsäule, jedoch in anderer Richtung. Legen Sie die Hände auf Ihre Schultern. Die Daumen zeigen nach hinten, die restlichen Finger nach vorne. Die Oberarme sollten möglichst parallel zum Boden sein.

- Mit dem Einatmen drehen Sie Ihren Oberkörper und Ihren Kopf nach links, mit dem Ausatmen nach rechts.
- Zum Beenden der Übung kommen Sie zurück in die Ausgangsposition mit gerader Wirbelsäule. Legen Sie dann die Hände wieder ab.

Teil 3
Die dritte Übung entspannt die Schultermuskulatur. Legen Sie dazu Ihre Handflächen auf die Knie.

- Beginnen Sie, Ihre Schultern nach hinten zu kreisen. Machen Sie große Bewegungen und führen Sie die Übung langsam durch.
- Ändern Sie nach 10 Kreisen die Richtung.

Teil 4
Mit der letzten Übung können Sie Ihre Nackenmuskeln entspannen. Senken Sie dazu Ihr Kinn Richtung Brustbein.

- Bewegen Sie mit dem Einatmen den Kopf nach links und mit dem Ausatmen nach rechts. Beschreiben Sie mit Ihrem Kopf 10 Halbkreise.
- Sie beenden diese Übung, indem Sie einatmen und dabei Ihren Kopf heben.

Energiebewusste Ernährung fördert eine hohe Führungsleistung

Kennen Sie Giuliano Poser? Im Profifußball hat der italienische Ernährungsberater einen exzellenten Ruf. Er unterstützte den mehrmaligen Weltfußballer Lionel Messi bei dessen Ernährungsumstellung. Messi hat nicht nur deutlich an Gewicht verloren, der Weltbeste zeigt sich seither nochmals verbessert (Winkler 2015). Die Auswirkungen der Ernährung auf die Leistungsfähigkeit werden mittlerweile auch im deutschen Profifußball stärker beachtet. In der Formel 1 trägt man dem Zusammenhang zwischen Ernährung und Performance schon seit Langem Rechnung: Die für den zeit- und erfolgskritischen Reifenwechsel verantwortlichen Techniker erhalten spezielle Ernährungspläne (Hecker 2011).

Wir unterschätzen unsere Willenskraft

Dieses Buch erhebt nicht den Anspruch, ein Ernährungsratgeber zu sein. Da Ernährung als Energielieferant ganz direkt die Führungsqualität beeinflusst, möchte ich Ihnen aber doch einige praktische Hinweise liefern. Aus der Energieperspektive benötigen wir Nahrung, die ein anhaltend stabiles Niveau des Blutzuckerspiegels gewährleistet. Dies wird durch Nahrungsmittel mit einen niedrigen glykämischen Index (GI) sichergestellt. Studien zeigten eine höhere Sättigung, weniger Hunger oder eine geringere spontane Nahrungsaufnahme nach Mahlzeiten mit niedrigem GI im Vergleich zu denen mit hohem GI. Energetisierend wirken z. B. Früchte und Gemüse. Wahre Energiekiller sind dagegen Weißbrot, Chips und Pommes frites. Auch die Currywurst, immer noch das beliebteste deutsche Kantinengericht, ist kein hochwertiger Energielieferant. In vielen Büros gehören Kekse und Süßigkeiten gewissermaßen zum Inventar. Um eine stetig hohe Energie zu gewährleisten, ist es hilfreich, alternativ auch einmal zum Apfel oder anderen (getrockneten) Früchten zu greifen. Übrigens überschätzen wir oft unsere Willenskraft. In der Regel können wir den süßen Versuchungen nicht widerstehen, wenn sie vor uns stehen. Jedes Nein kostet extra Energie. Ein Kunde, Geschäftsführer eines IT-Unternehmens, klagte über Übergewicht und eine gewisse Mattigkeit am Nachmittag. Nach einem Energiemanagement-Coaching verabredete er mit seiner Assistentin, Schokolade und Kekse durch Obst zu ersetzen. Diese Maßnahme kam nicht nur dem Geschäftsführer zugute, der sichtlich an Gewicht verlor und nachmittags weniger Leistungseinbrüche verspürte, auch seine Besucher profitierten davon. Es ist einer energieorientierten Ernährung nicht zuträglich, wenn in Kantinen regelmäßig fast nur Automaten mit Schokoriegeln stehen. Gibt es hierzu wirklich keine Alternative?

Wenn Sie nach Alternativen zu Schokolade und Keksen in Ihrem Büro suchen, dann helfen Ihnen die in der ◘ Abb. 4.6 aufgelisteten Nahrungsmittel. Sie sind nicht nur geeignet, Ihre Energiebalance zu halten, sie wirken auch gegen Stress.

Sollten Sie Ihre Ernährung an einer konstant hohen Energetisierung ausrichten wollen, dann probieren Sie doch einmal den Tagesstart mit einem entsprechenden Frühstück aus. Damit der Stoffwechsel gut anspringt, brauchen Sie viel Proteine, z. B. Joghurt, (Soja-) Milch und Nüsse, und wenig Kohlenhydrate, wie sie in Brot oder Brötchen enthalten sind. Das klassische Müsli mit Joghurt oder (Soja-) Milch und Obst, mit hohem Proteingehalt und niedrigem GI, bringt Sie auf Touren.

◘ **Abb. 4.6** Nahrungsmittel gegen Stress

Mediterran inspirierte Kost

Die von Ernährungswissenschaftlern empfohlene traditionelle Mittelmeerkost ist ein praktisches Beispiel für eine energiefördernde Ernährung mit niedrigem GI. Nach über 40 Jahren Forschung empfehlen Ernährungswissenschaftler wie Hans Hauner von der TU München eine mediterrane Kost. Die wissenschaftlichen Studien sprechen eine eindeutige Sprache: Menschen, die sich mediterran und überwiegend fleischlos ernähren, sind nicht nur körperlich fitter und gesünder, sie leben auch 10–15 Jahre länger (Eichhorn und Hauner 2014).

Vorschläge von Hans Hauner für eine gesunde, energieorientierte Ernährung

Verwenden:

1. Überwiegend pflanzliche Lebensmittel (Vollkornprodukte, Gemüse, Obst, Hülsenfrüchte)
2. Pflanzliche Öle und Fette, besonders Raps- und Olivenöl (sparsam)
3. Milchprodukte
4. 1–2 Mal pro Woche Fisch, am besten Seefisch
5. Würzmittel überwiegend in Form von Kräutern

Weniger:

1. Fleisch und Fleischprodukte, besser weißes Fleisch
2. Frittieren und Grillen
3. Salz
4. Fertiggerichte und Fast Food
5. Alkohol
6. Süßigkeiten

Ernährungsverhalten:

1. Geregelte Essenszeiten, weniger Snacks
2. Essen genießen, ruhige und entspannte Essatmosphäre

Ernährung beeinflusst die Meditationserfahrung

Im Yoga spielt die Art der Ernährung vor allem aus zwei Gründen eine gewichtige Rolle. Da ist zum einen der ethische Aspekt. Konsequent gelebte Gewaltlosigkeit, das Nichtschädigen von Menschen und Lebewesen allgemein („Ahimsa"), bringt eine vegetarische Ernährungsweise mit sich. Zum anderen wird Ernährung im Yoga aus physiologischer Perspektive betrachtet. Studien haben gezeigt, dass Fleisch und „schweres" Essen die Tiefe und Qualität der Meditation beeinträchtigen (Ott 2010, S. 67). Vegetarismus ist im Yoga jedoch kein Dogma. Wem es schwerfällt, den Genuss von Fleisch aus ethischen Gründen einzuschränken, der braucht sich deswegen nicht zu verurteilen. Es kommt nicht selten vor, dass mit intensiverer Yogapraxis das Verlangen nach Fleisch nachlässt, weil die Qualität der Meditation davon beeinträchtigt wird. Auch lässt sich immer wieder beobachten, wie Yogaschüler im Lauf der Zeit stärker auf die Qualität ihrer Ernährung achten. Mit zunehmender Selbstwahrnehmung wird ihnen die Großartigkeit ihres Körpers bewusst. Schon einige Yogaübende haben mir berichtet, sie empfänden nach der Yogastunde ein Gefühl von Reinheit.

Langsames und bewusstes Essen

Im Yoga wird indes nicht nur Wert darauf gelegt, was gegessen wird. Nicht weniger bedeutsam ist das Wie. Ernährungswissenschaftler wie Hans Hauner sehen das genauso. Oft essen wir zu schnell, während wir uns unterhalten oder mit dem Smartphone beschäftigt sind. Geht es Ihnen auch manchmal so, dass Sie sich abends gar nicht erinnern, was Sie zum Mittag gegessen haben? Langsames, bewusstes Essen ist eine gute Übungsmöglichkeit für mehr Achtsamkeit. Gleichzeitig beugt langsames Essen Übergewicht vor. Das Sättigungsgefühl setzt erst 15–20 Minuten nach Beginn der Nahrungsaufnahme ein. Zu diesem Zeitpunkt sind viele Menschen bereits mit dem Essen fertig. Wer schnell isst, spürt nicht, ob er bereits satt ist, und isst oft mehr als notwendig.

Die Langsamkeit beim Essen können Sie gut mit der Rosinenmeditation entdecken, eine häufig genutzte Achtsamkeitsübung. (Video 6, http://goo.gl/j7JRd9)

Übung 6

Energie gewinnen – Essen Sie bewusst
Legen Sie eine Rosine auf Ihre Handfläche. Falls Sie keine Rosinen mögen, können Sie z. B. auch eine getrocknete, ungeschwefelte Aprikose oder eine Berberitze verwenden.
Schauen Sie die Frucht möglichst aufmerksam an. Welche Farbe hat sie? Ist die Farbe einheitlich oder ist sie gesprenkelt? An welcher Stelle war der Stiel festgewachsen? Welche Form hat sie – eher rund oder oval? Wie sehen die einzelnen Runzeln aus?
Hören Sie nun der Rosine zu. Halten Sie die Rosine an Ihr Ohr und nehmen Sie wahr, welches Geräusch entsteht, wenn Sie sie zwischen den Fingern bewegen. Können Sie etwas hören?
Erforschen Sie als nächstes den Geruch der Rosine.
Nach dem Sehen, Hören und Riechen ist nun das Fühlen dran. Führen Sie die Rosine ganz langsam zum Mund und halten Sie sie mit den Lippen. Wie fühlt sich die Rosine an? Wie ist ihre Textur? Vielleicht nehmen Sie wahr, wie empfindsam Ihre Haut an den Lippen ist.
Zerkauen Sie jetzt die Rosine im Zeitlupentempo – ganz langsam, kauen Sie mindestens 30 Mal. Und versuchen Sie dabei, wahrzuneh-

men, wie sich die Rosine im Mund anfühlt, wie sie schmeckt und sich ihr Geschmack und ihre Konsistenz mit dem Kauen verändert.
Diese Meditation bietet sich immer dann an, wenn Sie das Gefühl haben, zu hektisch zu essen.

Die indische Heilkunst Ayurveda, die mit dem Yoga eng verbunden ist, enthält ein ausgeklügeltes Ernährungssystem, das auf die Gewährleistung einer ausgewogenen Energiebalance ausgerichtet ist.

Gute Führung benötigt ausreichend Schlaf

Ausreichend Schlaf verbessert das Lernvermögen

Viele Führungskräfte und Manager finden, Schlafen sei etwas für Schlafmützen. Die Kanzlerin schläft wenig, Vorstände äußern sich gerne öffentlich darüber, wie wenig sie schlafen. Wenig Schlaf scheint ein Erfolgsrezept zu sein. Für einige wenige Glückliche mag dies der Fall sein. Die wissenschaftlichen Fakten sprechen jedoch eine andere Sprache. Der Schlaf ist die wichtigste Quelle unserer körperlichen Energie. Nichts beeinflusst unsere Leistung mehr als der Schlaf. Viele Studien zeigen, dass wir besser performen, wenn wir länger schlafen als der Durchschnitt. Wir benötigen ausreichend (ca. 7 Stunden) Schlaf, um uns zu regenerieren. Unser Immunsystem wird geschwächt, wenn wir weniger als 6 Stunden schlafen (Cassel 2015). Schlafforscher wie Alexandros Vgontzas, Schlafspezialist an der Pennsylvania State University, gehen davon aus, dass langzeitiger Schlafmangel zu Herz-Kreislauf-Erkrankungen führt (Dolgin 2013).

Beeindruckend ist die Wirkung von Schlaf auf unser **Lernvermögen**: Studenten, die einen 60- bis 90-minütigen Schlaf am Nachmittag machten, konnten doppelt so viel lernen wie andere. Im Schlaf integriert unser Gehirn das tagsüber Gelernte. Der Kurzschlaf tagsüber (Power-Napping) steigert die Reaktionsfähigkeit. NASA-Piloten, die ca. 30 Minuten während des Flugs schliefen, konnten ihre Reaktionszeit um 16 % verbessern (Schwartz 2010, S. 72 ff.).

Yogische Techniken, insbesondere die Yogavollatmung, die Sie bereits kennengelernt haben, und die wechselseitige Nasenatmung, können gesunden Schlaf begünstigen und Schlafstörungen vorbeugen (Broad 2013, S. 139 ff.).

Die nachfolgende Atemübung, die wechselseitige Nasenatmung, senkt den Blutdruck und kann daher gut als Einschlafhilfe genutzt werden.

Übung 7

Energie gewinnen – Schlafen Sie gut

Kommen Sie in die aufrechte Sitzposition (siehe Übung 4). Schließen Sie während der Übung Ihre Augen, damit Sie sich besser konzentrieren können.

Klappen Sie den Zeige- und den Mittelfinger der rechten Hand ein. Sie können jetzt den Daumen dazu benutzen, das rechte Nasenloch zu verschließen. Mit dem Ringfinger schließen Sie den linken Nasenflügel. Drücken Sie jeweils von außen gegen die Nasenflügel. Verschließen Sie mit dem Daumen das rechte Nasenloch und atmen Sie durch das linke Nasenloch ein. Sobald Sie eingeatmet haben, verschließen Sie das linke Nasenloch und geben das rechte Nasenloch frei, um dort auszuatmen. Dann atmen Sie rechts ein und links aus. Nun kann ein neuer Zyklus beginnen.
Üben Sie zunächst 5 Zyklen und steigern Sie dann allmählich bis auf 20.
Diese Übung sollten Sie nur durchführen, wenn keines der beiden Nasenlöcher verstopft ist.

In unserem hektischen Arbeitsalltag sollten Sie den Status Ihrer persönlichen Energie regelmäßig überprüfen.

Sie können z. B. eine kleine Meditation nutzen, um einen Quick-Check zu machen. (Video 7, http://goo.gl/Afbvn2)

Übung 8

Körperliche Energie – Klären Sie den Status quo

- Wie ist in meinem Führungsalltag das Verhältnis von Spannung und Entspannung, Bewegung und Ruhe?
- Wie ist mein Umgang mit meiner Energie und meinem Rhythmus?
- Wie sieht es aus mit dem Essen, Trinken, Schlafen und der Bewegung?
- Wie kräftig und ausdauernd fühle ich mich?
- Gibt es Bereiche, die ich vernachlässige?
- Was würde ich gerne verändern?

4.3 Gelassenheit: Der konstruktive Umgang mit Emotionen

» We are not animals. We are not a product of what has happened to us in our past. We have the power of choice. (Stephen Covey)

4.3.1 Gelassenheit braucht die Pause zwischen emotionalem Reiz und Reaktion

Gelassenheit und Souveränität

Der Verantwortliche für die Führungskräfteentwicklung einer AG präsentiert den Vorstandsmitgliedern ein in langen Bürostunden ausgearbeitetes und vorabgestimmtes Konzept für die Weiterentwicklung der oberen Führungskräfte. Die Resonanz auf seinen Vortrag trifft den Bereichsleiter unerwartet. Vor allem seitens des Finanzchefs hagelt es kritische Kommentare bezüglich der Brauchbarkeit und Umsetzbarkeit des Konzeptes. Der Personaler, tief überzeugt von seinem Vorschlag, argumentiert dagegen, es kommt zu einem hitzigen Wortgefecht. Er wird laut und beklagt die mangelnde Wertschätzung für sich. Die Folgen sind einschneidend: Einige Vorstandsmitglieder bezeichnen den Personaler hinter vorgehaltener Hand als inkompetent, eine Gelegenheit zu einer Präsentation im Vorstand hat er seither nicht mehr erhalten. Viele meiner Coachkunden wünschen sich mehr Gelassenheit und Souveränität.

Gelassene Führungskräfte versuchen nicht etwa, ihre Emotionen zu unterdrücken, sondern gehen gekonnt mit ihnen um. Sie verfügen über die Fertigkeit, in kritischen Situationen die **Ruhe** und eine unvoreingenommene Haltung zu bewahren. Sie lassen sich nicht von ihren Emotionen mitreißen. Das ist besonders hilfreich bei negativen Gefühlen wie Ärger oder Sorgen, zu denen wir häufig neigen. Gemeint sind aber auch starke positive Emotionen, etwa zeitweilig überbordende Begeisterung. Sicher kennen Sie den Effekt: In einem Fußballspiel ist der Torjubel einer Mannschaft noch nicht verklungen, da fällt schon der Gegentreffer. Gelassenheit heißt, nicht nur mit äußeren, sondern auch mit den inneren Stressoren konstruktiv umzugehen. Unerfüllte Anforderungen an uns selbst bringen uns z. B. häufig aus der Ruhe.

Mit Humor führen

In brenzligen Situationen die Ruhe zu bewahren, ist ein Zeichen von Stärke. Harald Krüger, neuer Vorstandsvorsitzender von BMW wird als extrem durchsetzungsstark und wenig autoritär beschrieben. *„Harald Krüger hat noch nie die Fasson verloren, dafür ist er viel zu smart, viel zu kontrolliert“*, so das Kompliment eines Kollegen aus dem Topmanagement (Meck 2015, S. 3). Umgekehrt verlieren Führungskräfte, die stark emotional angespannt sind, den Zugriff auf eine sehr hilfreiche Intervention: den **Humor**. Fröhliche Menschen werden von anderen als sympathisch und kompetent wahrgenommen. Mit Humor zu führen, bedeutet, die Ereignisse mit einem augenzwinkern-

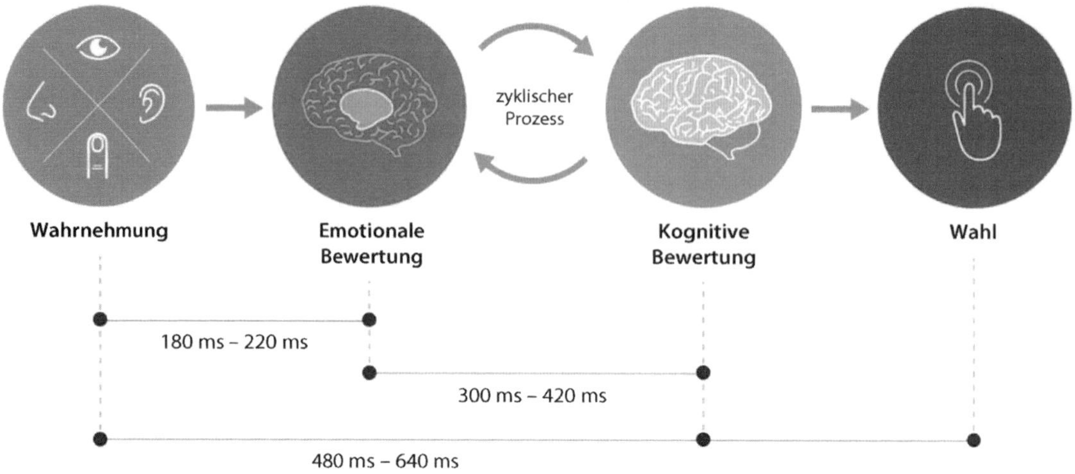

Abb. 4.7 „Schnelles" emotionales und „langsames" rationales Denken. (Mit freundlicher Genehmigung der Feingold Technologies GmbH)

den, versöhnlichen Blick zu betrachten, Perspektivenwechsel zu ermöglichen und damit konstruktives Handeln auch in konfliktbeladenen und schwierigen Situationen. Wo es nichts zu lachen gibt, gedeihen keine kreativen Lösungen. Humor ist zugleich ein wirksames Mittel gegen Stress. Lachen beeinflusst den gesamten Organismus positiv.

Wiederholte emotionale Anspannung wirkt nicht nur wenig souverän, sie ist zudem ansteckend, breitet sich schnell aus. Die Unternehmensberater Breuer und Frot (2010) sprechen von „emotionalen Viren". Sie haben vermutlich schon erlebt, welche Wirkung es auf die Umgebung hat, wenn eine Führungskraft emotional aus der Balance gerät. Über den starken Einfluss der Emotionen auf unser Handeln haben wir bereits gesprochen. Für eingefleischte Rationalisten wird es nun noch spannender. Es ist nämlich nicht nur so, dass es keinen Gedanken ohne Emotion gibt. Wenn wir uns einem Reiz aus der Umwelt ausgesetzt sehen, entstehen immer **zuerst** Emotionen, erst mit zeitlicher Verzögerung kommt unser Bewusstsein ins Spiel (■ Abb. 4.7).

Schnell und langsam denkendes Gehirn

Daniel Kahneman (2012), Psychologe und Nobelpreisträger für Ökonomie, spricht von den „schnell" und „langsam denkenden" Gehirnarealen, die ständig miteinander kommunizieren. Vereinfacht gesprochen entstehen die **Emotionen** im schnell denkenden Gehirnareal, dem limbischen System. In einem Teil des limbischen Systems, der Amygdala, erzeugt alles, was um uns passiert, eine ständige innere Sicherheitsprüfung. Ununterbrochen wird geprüft, ob das gerade Geschehende positiv erlebt wird oder ob wir uns vor einer Gefährdung schützen müssen. In Situationen, die als gefährlich oder schmerzhaft eingestuft werden, tendiert unser Gehirn zur sofortigen Reaktion und versetzt uns in den (Stress-)Modus des „Fliehens oder Kämpfens". Das **Bewusstsein** entsteht im langsam denkenden Gehirnareal, dem Neokortex. Innerhalb des Neokortex ist ein Teilbereich des Stirnlappens, der ventromediale präfrontale Kortex, für die Steuerung der Emotionen verantwortlich (Kahneman 2012).

Pause für mehr Optionen

Gelassenheit bedeutet, Pausen zwischen Stress-Emotions-Auslösern und Reaktionen darauf entstehen zu lassen. Wenn wir eine **Reaktionspause** herstellen, erhöhen wir unsere Wahlfreiheit und die Zahl unserer Verhaltensoptionen. Der langsame präfrontale Kortex, der Manager der Emotionen, erhält so die Gelegenheit, seine Aufgabe zu erfüllen und nicht von der superschnellen Amygdala dominiert zu werden. Der Neurologe und Psychiater Viktor Frankl trifft den Sachverhalt auf den Punkt (zit. nach Goldstein und Stahl 2010, S. 1): *„Zwischen Reiz und Reaktion liegt ein Raum. In diesem Raum liegt unsere Macht zur Wahl unserer Reaktion. In unserer Reaktion liegen unsere Entwicklung und unsere Freiheit."*

Mit einer effektiven Atemübung können Sie üben, in Stresssituationen besonnen zu bleiben. Halten Sie kurz inne. Oft reicht schon ein einziger Atemzug. Auf diese Weise stoppen Sie die Situation und können in der kurzen Pause entscheiden, wie Sie reagieren wollen. Schaffen Sie einen Moment der Ruhe und Klarheit. (Video 8, http://goo.gl/lbLtZg)

Übung 9

Besonnen bleiben – Damit Sie nicht gleich in die Luft gehen

Wenn Sie emotional getriggert werden und am liebsten gleich in die Luft gehen würden, dann reagieren Sie erst einmal – gar nicht!
Spüren Sie kurz die Verbindung Ihrer Fußsohlen zum Boden. Atmen Sie ein und aus. Zählen Sie bis drei beim Einatmen und bis sechs beim Ausatmen.
Jetzt können Sie besonnen agieren.

Führungskräfte, die durch Training ihre Fähigkeit zur Selbstwahrnehmung sensibilisiert haben, erkennen das Entstehen von Emotionen gewissermaßen in Zeitlupe. Sie sind in der Lage, ihre inneren Erfahrungen und ihre Auswirkungen auf ihr Verhalten in Echtzeit wahrzunehmen.

Dies ist die Voraussetzung für die Kontrolle der Emotionen und die bewusste Reaktion auf Situationen und Menschen. Gängige Praxen zum hilfreichen Umgang mit emotionalen Belastungen greifen manchmal zu kurz. Piloten lernen z. B., in emotional herausfordernden Situationen kurz auf Ihre Armbanduhr zu schauen, um sich abzulenken und danach ihre Aufmerksamkeit wieder auf ihren Job richten zu können. Ein befreundeter, sehr erfahrener Pilot erzählte mir, wie er einmal im Cockpit saß, stark belastet durch einen familiären Streit: *„Zwar waren die Gedanken an den häuslichen Streit weg, solange und kurz nachdem ich auf meine Uhr geschaut hatte. Aber schon gleich danach waren die belastenden Gedanken an zu Hause wieder da."* Für solche Situationen sei, so der Pilot, eine wirksamere, tiefer gehende Praxis der Emotionsregulierung wünschenswert.

4.3.2 Eine Spezialdisziplin der Gelassenheit: Der souveräne Umgang mit Triggern

Gute Fähigkeiten der **emotionalen Selbstregulierung** benötigen wir vor allem, wenn wir getriggert werden. Wir alle kennen das, wenn wir auf eine scheinbar unwichtige Situation, z. B. die Bemerkung eines Kollegen oder des Chefs, unverhältnismäßig stark reagieren. Für Außenstehende machen wir aus einer Mücke einen Elefanten.

Um zu erkennen, ob Sie getriggert werden, empfiehlt Chade-Meng Tan, der bei Google das Achtsamkeitsprogramm „Search Inside Yourself" sehr erfolgreich initiiert hat, die Selbstwahrnehmung auf die folgenden Aspekte zu richten (Tan 2013):

- Körper: Ihr Atem ist flach, der Herzschlag schneller, eventuell verspüren Sie Magengrummeln.
- Emotionen: Sie sind entweder starr oder reagieren stark emotional (Kampf-oder-Flucht-Reaktion).
- Gedanken: Sie fühlen sich als Opfer, Sie verurteilen und machen Schuldzuweisungen, Sie können sich nur schwer konzentrieren.

Strategien zur emotionalen Selbstregulierung

Drei Strategien helfen, in bestimmten Situationen nicht zum Spielball von Triggern zu werden:

1. Wichtig ist, zunächst einmal Zeit zu gewinnen, damit das „langsam denkende" Gehirn seine Arbeit machen kann. Halten Sie kurz inne. Häufig reicht schon ein einziger bewusster Atemzug. Auf diese Weise stoppen Sie die Situation und können in der kurzen Pause entscheiden, wie Sie reagieren wollen.
2. Ein zweiter Schlüssel für mehr Gelassenheit ist die Trennung von Wahrnehmung und Bewertung. Emotionen entstehen, dies wurde in ► Abschn. 4.1 detaillierter dargestellt, durch unsere Bewertung von Tatsachen. Wenn wir uns bewusst machen, wann und wie wir beurteilen, dann können wir entweder eine uns stressende Bewertung durch eine hilfreichere ersetzen oder wir lösen uns von der Bewertung.
3. Die Praxis des Loslassens ist die dritte, äußerst wichtige Kompetenz für die emotionale Selbstregulierung. Zwar ist es nicht möglich, einen unangenehmen oder hinderlichen Gedanken am Entstehen zu hindern – das gelingt noch nicht einmal dem Dalai Lama. Aber wir können üben, uns von einem Gedanken zu lösen, sobald wir seine Entstehung wahrnehmen.

Ein hochtrainiertes Gehirn wie das des Dalai Lama kann den Gedanken in dem Moment gehenlassen, in dem er entsteht. Loslassen oder nicht Anhaften, ohne Gedanken, Menschen und Erlebnisse kontrollieren zu wollen, ist ein yogisches Prinzip („Aparighraha") und eine der Grundlagen meditativer Praxis. Wer den Gedanken anhaftet, kann das Geplapper im Kopf nicht stoppen. Mit den häufig synchronisierten Körper- und Atemübungen können wir auf das Hier und Jetzt fokussieren. Mit dieser mentalen Trainingsmethode üben wir das Loslassen der Gedanken, die sich mit der Vergangenheit oder der Zukunft beschäftigen.

SABRR

Das Achtsamkeitsprogramm „Search Inside Yourself", das Chade-Meng Tan für Google entwickelt hat und das bereits viele andere Firmen einsetzen, enthält eine sehr wirksame Vorgehensweise, um unsere emotionale Resilienz zu stärken. Dieser Prozess integriert auf elegante Weise die gerade genannten Anti-Trigger-Strategien. Er hilft bei Triggern und wäre vermutlich für den Piloten von großem Nutzen gewesen. Er wirkt aber auch, wenn die emotionsauslösende Situation schon länger zurückliegt. Ich nenne diese Vorgehensweise SABRR: Seien Sie achtsam bei der Reaktion auf Reize!

SABRR können Sie immer dann nutzen, wenn Emotionen Sie zu überwältigen drohen und Ihre Führungssouveränität gefährdet ist. In der Regel sind dies negative Emotionen, aber auch Euphorie kann klares Führungsverhalten beeinträchtigen. Die Vorgehensweise hilft Ihnen umso besser, je häufiger Sie sie üben. (Video 9, http://goo.gl/vSCjxV)

Übung 10

Besonnen bleiben – Ihre Strategie für mehr Gelassenheit
Stoppen Sie: Was immer Sie jetzt tun wollen – tun Sie nichts. Zählen Sie mindestens bis fünf. Damit machen Sie den wichtigsten Schritt, um mit Triggern umzugehen.
Atmen Sie: Fokussieren Sie Ihren Geist auf die Atmung. Zählen Sie bis drei beim Einatmen und bis sechs beim Ausatmen. Tiefe, bewusste Atemzüge beruhigen Körper und Geist.
Beobachten Sie: Nehmen Sie Ihre Emotionen wahr, indem Sie Ihre Aufmerksamkeit auf Ihren Körper richten. Wie fühlen sich der Nacken, die Schultern, der Brustkorb und Rücken an? Versuchen Sie, Veränderungen in der Körperspannung und -temperatur wahrzunehmen und zu beschreiben. Seien Sie achtsam, vermeiden Sie Bewertungen. Machen Sie sich bewusst, dass Sie nicht Ihre Emotionen sind. Wenn Sie z. B. Ärger empfinden, dann ist Ihre Beobachtung nicht „ich bin ärgerlich", sondern „ich spüre in meinem Körper Ärger".
Reflektieren Sie: Woher kommt die Emotion? Gibt es eine Vorgeschichte? Ist eine selbst wahrgenommene Unzulänglichkeit im Spiel? Bringen Sie diese Perspektiven in die Situation, ohne zu beurteilen, ob es richtig oder falsch ist. Wenn in Ihre emotionale Erfahrung eine andere Person involviert ist, dann versetzen Sie sich in die andere Person und ihre Wahrnehmung von Ihnen. Denken Sie über folgende Aussagen nach:

- Jeder Mensch will glücklich sein.
- Diese Person denkt, ihr Handeln würde sie irgendwie glücklich machen.

Auch hier geht es darum, die Beurteilung nach richtig und falsch außen vor zu lassen.

Reagieren Sie: Stellen Sie sich vor, auf welche Art und Weise Sie auf die Situation reagieren könnten, um eine positive Wirkung zu erzielen. Sie müssen nicht tatsächlich reagieren. Stellen Sie sich nur die freundlichste Antwort vor. Wie würde sie aussehen?

Emotionen vom Körper aus regulieren

Auf die drei weiter oben beschriebenen Wege steuern Sie Ihre Emotionen wirkungsvoll vom Gehirn her. Sie können sich zusätzlich das Phänomen des Embodiment zunutze machen und Ihre Emotionen vom Körper aus regulieren. So wie Sie es weiter vorne getan haben, als Sie die Mundwinkel hochzogen (▶ Abschn. 4.1.1). In Stresssituationen ziehen wir unwillkürlich den Kopf ein und spannen die Nackenmuskulatur an. Deswegen haben wir bei Stress verspannte Nackenmuskeln. Der Kopf wird dann nicht mehr leicht und frei auf der Wirbelsäule getragen. Man schließt sich selbst ab und steht nicht offen im Raum. Wenn Sie sich dagegen – stehend oder sitzend – aufrichten und gleichzeitig Ihre Schultern entspannt halten, loslassen, nehmen Sie vermutlich eine größere innere Ruhe wahr, es steigt Ihre Präsenz.

Eine gelassene Grundhaltung verlangt regelmäßige körperliche Regeneration (Atmung, Ernährung, Bewegung, Schlaf), bei der wir auf unsere Energie und unseren Rhythmus achten.

4.3.3 So fördert Yoga die Gelassenheit

Emotionale Selbststeuerung

Gelassenheit ist das übergeordnete Ziel des Yoga. Die achtsame Wahrnehmung von Atmung, Körper und Emotionen ist Voraussetzung für die emotionale Selbststeuerung. Diese Fertigkeiten der **Achtsamkeit** werden im Yoga systematisch geübt, ebenso das **Loslassen**.

Yoga fördert die Gelassenheit nicht nur auf mentaler, psychologischer Ebene. Es kann auch ein **physiologischer Ruhezustand** herbeigeführt werden. Yogaroutinen verringern Herzschlag, Atemfrequenz, Sauerstoffverbrauch und Blutdruck. Regelmäßige Praxis senkt die Ruheenergie um mehr als 10 %. Bei der Yogavollatmung wird die Atmungsrate halbiert, was zu einer Verstärkung der inneren Gelassenheit führt (Broad 2013, S. 149 ff.).

Rhythmische Abläufe, indem beispielsweise Bewegungen mit dem Ein- und Ausatmen synchronisiert werden (z. B. beim Sonnengruß), entspannen laut dem Hirnforscher Prof. Gerald Hüther das Gehirn; die starken Erregungsmuster, die sich im Verlauf eines stressigen Berufsalltages im Kortex zeigen, können beruhigt und ausgeglichen werden (Trökes und Knothe 2010, S. 242).

Zu dieser Übung können Sie greifen, wenn Sie sich sehr angespannt fühlen und schnell Dampf ablassen möchten. Sie können sich aktiv regenerieren, Ihr Herz-Kreislauf-System wird in Schwung gebracht. (Video 10, http://goo.gl/P8iJhs)

Übung 11

Gelassenheit stärken – Werfen Sie den Stress weg
Kommen Sie in die aufrechte Sitzposition: Nehmen Sie einige Atemzüge. Atmen Sie während der gesamten Übung durch die Nase, wenn Ihnen das möglich ist. Sie unterstützen Ihre Konzentration, wenn Sie Ihre Augen für die Dauer der Übung geschlossen halten. Legen Sie die Hände auf den Knien ab. Die Handflächen zeigen nach oben, als würden Sie etwas auf Ihren Händen tragen. Die Arme sind gestreckt, die Ellbogen sind möglichst durchgedrückt.
Atmen Sie zunächst gut ein. Beim Ausatmen heben Sie die Arme und mit ihnen eine unsichtbare Last. Werfen Sie diese schwungvoll hinter sich. Atmen Sie dann ein und bringen Sie die Arme wieder zurück. Führen Sie diese Bewegung intensiv für 2 Minuten fort, atmen Sie dabei kräftig.
Nach Beendigung der Übung lassen Sie Ihren Atem für einige Atemzüge zur Ruhe kommen.

Mit Freude dilettieren

Beim Yoga erfolgt das Üben ohne inneren Druck, in Gelassenheit, so wie wir Laufen gelernt haben. Es geht darum, mit Freude und Neugierde zu lernen und die eigenen Grenzen schrittweise auszudehnen. Die Übenden sind eingeladen, freudvoll zu dilettieren – eine spannende Erfahrung für Menschen, die in einem leistungsorientierten Berufsumfeld ständig bestrebt sind, die Dinge sofort gut zu können. Glauben Sie mir, ich weiß, wovon ich rede.

Gelassenheit herzustellen sowie die Höhen und Tiefen des Gefühlslebens auszugleichen, gelingt mit Yoga ausgesprochen gut, wie Studien zur Produktion von Stresshormonen und Emotionsregulation zeigen (Broad 2013, S. 158).

4.4 Konzentration: Die Aufmerksamkeit bewusst steuern

» Die wenigsten Menschen wissen, wie es sich anfühlt, an nichts anderes zu denken als an das, was sie gerade tun. (David Allen)

4.4.1 Aufmerksamkeitsdefizit in der Führung und der Mythos des Multitaskings

Wie häufig arbeiten Sie mindestens 30 Minuten ohne irgendeine Unterbrechung an einer Aufgabe? Wie oft erleben Sie in Ihrem Arbeitsumfeld das Phänomen des Flow, in dem Sie längere Zeit tief in einer Tätigkeit versunken sind?

Volle Aufmerksamkeit ist die Voraussetzung für Flow. Im heutigen Arbeitsleben ist es indes eine echte Herausforderung, die Aufmerksamkeit zu halten und dorthin zu lenken, wo sie gerade gebraucht wird. Im Streben nach Effizienz und Geschwindigkeit im Arbeitsleben haben wir das **Multitasking** entdeckt. Ständige Unterbrechungen gehören zu unserer Arbeitsroutine. Wir telefonieren während der Autofahrt, beantworten E-Mails im Meeting, checken die eingehenden E-Mails während wir an einer Präsentation arbeiten, bearbeiten am Computer gleich mehrere Fenster. Schade nur, dass Multitasking nicht funktioniert. Unser Gehirn, auch das weibliche und das junger Menschen, ist nämlich auf sequenzielle Aufmerksamkeit ausgerichtet. Bei anspruchsvollen Aufgaben ist das offensichtlich. Versuchen Sie einmal, eine komplexe Berechnung durchführen und dabei gleichzeitig Ihr Smartphone im Auge zu behalten. Aber auch bei scheinbar einfachen Aufgaben erweist sich Multitasking als nicht brauchbar. Beim Telefonieren während der Autofahrt steigt die Unfallwahrscheinlichkeit drastisch an. Verkehrswissenschaftler sehen übrigens auch im Telefonieren mit Freisprecheinrichtung eine Verkehrsgefährdung.

Multitasking ist Teilaufmerksamkeit

Laut einer Studie der Unternehmensberatung Bain & Company aus dem Jahr 2014 erhält jede Führungskraft im Schnitt 30.000 E-Mails im Jahr; wenn wir bei einer Aufgabe durch den E-Mail-Pling unterbrochen werden, benötigen wir ca. 10 Sekunden, um mit unserer Aufmerksamkeit zu dieser zurückzufinden (Löhr 2015). Wer den Pling jedes Mal wahrnimmt, ist also alleine deshalb ca. zwei volle Arbeitswochen nicht bei der Sache. Breite in der Aufmerksamkeit geht immer auf Kosten von Tiefe. Multitasking ist im Grunde eine dauerhafte Teilaufmerksamkeit.

Nicht nur viele Führungskräfte, ja ganze Organisationen leiden an ADS, dem Aufmerksamkeits-Defizit-Syndrom. Herbert Simon, Nobelpreisträger für Ökonomie, hat diese Entwicklung bereits in der 1980er-Jahren kommen sehen, als er warnte, der Reichtum an Informationen generiere die Armut an Aufmerksamkeit (Hindle 2008).

Daniel Goleman (2014) hält Konzentration für eine zentrale Erfolgskompetenz von Führungskräften. Unser Gehirn ist nicht in der

Lage, alle Reize, die gleichzeitig auf uns einströmen, zu verarbeiten. Für ein geordnetes Handeln benötigen wir **Aufmerksamkeit**: Die Fähigkeit, aus dem auf das Gehirn einströmenden Reizüberangebot einzelne Reize auszuwählen und bevorzugt zu betrachten, andere zu umgehen und zu unterdrücken. Wenn wir z. B. einer Kollegin gut zuhören, dann richten wir nicht nur unsere Aufmerksamkeit auf das Gespräch, wir unterdrücken gleichzeitig die Ablenkungen im Hintergrund. **Konzentration** ist die willentliche Lenkung der Aufmerksamkeit.

Bewusstheit über unsere Aufmerksamkeit

Aufmerksamkeit wird von unserem „schnell denkenden" Gehirn automatisch, im Energiesparmodus, hergestellt, ohne dass uns dies bewusst wird. In der Regel funktioniert das gut, um durch den Tag zu kommen. Aber wenn wir uns auf unsere mentalen Automatismen verlassen, fungieren unsere Emotionen und Motive als Filter, durch die unsere Aufmerksamkeit gesteuert wird. Es kommt zu Verzerrungen, die uns nicht bewusst werden. Vielleicht kennen Sie folgendes Phänomen: Ein Kollege oder Chef hat eine Angewohnheit, die Sie als unangenehm empfinden und die Sie ärgert. Jedes Mal, wenn die Person diese Verhaltensweise an den Tag legt, ärgern Sie sich, vielleicht warten Sie schon darauf, dass sich die Person entsprechend verhält. Was die Person zu sagen hat, wird dann nebensächlich. Wenn die Souveränität verloren geht, leidet die Gesprächs- und Beziehungsqualität.

Wenn wir nicht durch automatisierte, auf Erfahrungen der Vergangenheit beruhende Denk- und Verhaltensmuster geleitet werden wollen, benötigen wir Bewusstheit über unsere Aufmerksamkeit. Selbstwahrnehmung ist dann **Aufmerksamkeit auf Metaebene**. Wir lenken unsere Aufmerksamkeit bewusst auf unsere Aufmerksamkeit. Wir können unsere Konzentration trainieren wie einen Muskel. Dazu müssen wir lernen, die grundsätzlich begrenzte Kapazität unserer Aufmerksamkeit möglichst effizient zu nutzen.

Langeweile verhindert Konzentration

Es geht darum, mit zwei Arten von Ablenkungen umgehen zu können, den sensorischen und den emotionalen. Die sensorischen Ablenkungen sind Reize, die unser Gehirn über unsere Sinnesorgane erhält. Sie stören uns normalerweise nicht und werden automatisch unterdrückt. Während Sie diese Buchstaben lesen, ignorieren Sie den rechten Rand, der den Text begrenzt. Auch die Farben, Geräusche, Gerüche und andere Sinneseindrücke werden in den Hintergrund gedrängt. Emotionalen Ablenkungen zu begegnen, ist weit schwieriger. Langeweile z. B. ist ein zuverlässiger Konzentrationsverhinderer – wer kennt nicht das Phänomen des „Todes durch Powerpoint"? Steve Balmer, früherer Chef von Microsoft – die Firma, in der Powerpoint erfunden wurde – hat ausschweifende Präsentationen abgelehnt. Stattdessen ließ er sich die Folien vorher kommen, um dann gezielt nur über die Dinge zu sprechen, die besonders wichtig waren. Seiner Meinung nach entstünde so mehr Fokus (Goleman 2014, S. 209).

Unser Geist langweilt sich schnell. Auch für eine tiefe Meditationserfahrung stellt Langweile ein Hindernis dar. Die vermeintlich einfachen Meditationsübungen erweisen sich häufig als besonders schwer. Nur auf den eigenen Atem zu fokussieren, ist z. B. für unseren Geist eine viel größere Herausforderung als eine Übung, in der Atem, ein Mantra und vielleicht noch Fingerbewegungen miteinander verbunden werden.

Auch Emotionen wie Sorgen, Ärger oder Angst verursachen Stressreaktionen und beeinträchtigen unsere mentale Kontrolle. Wir vergessen dann z. B. Namen von Personen, die wir gut kennen. Emotionen verringern also unsere Konzentration. Umgekehrt unterdrückt volle Konzentration die Emotionen, bringt die inneren Stimmen zum Schweigen. Eine Erfahrung, die wir im Flow und bei jeder Meditation machen können (Goleman 2014, S. 168 ff.).

Meditations-Apps

An der US-amerikanischen Stanford-Universität wurde 2012 das Projekt „Calming Technology" gestartet (online unter: http://calmingtechnology.org/). Die Projektgruppe wollte Meditationsapplikationen entwickeln, die uns helfen sollen, zur Ruhe oder in einen Zustand des Flow zu kommen. Atemmeditationen spielen dabei eine wichtige Rolle. Mittlerweile bietet die Firma Calm.com eine Reihe von Meditationen für das Smartphone an. In Silicon Valley werden also nicht nur Technologien entwickelt, die uns ablenken, sondern auch solche, die uns bei dem Trainieren unseres „Konzentrationsmuskels" unterstützen.

Auf unser Gehirn wirkt sich Konzentration, so legen die Ergebnisse der Hirnforschung nahe, überaus positiv aus. Volle Konzentration steigert die Prozessgeschwindigkeit im Gehirn, stärkt die Verbindungen zwischen den Synapsen und erweitert oder generiert neue neuronale Netzwerke (Goleman 2014, S. 164).

Gute Führung ist ohne **Konzentration** aus zwei Gründen nicht vorstellbar:

1. Die Konzentration ist sehr eng mit der Metakompetenz Selbstwahrnehmung verwoben. Erinnern Sie sich noch an das Bild der Taschenlampe (► Abschn. 4.1.2)? In diesem Bild gibt die Konzentration die Richtung vor, in die der Lichtkegel (die Wahrnehmung) gelenkt wird. Wir können nur das bewusst wahrnehmen, worauf wir unsere Aufmerksamkeit lenken.

Konzentration auf Engpässe

2. Konzentration erfüllt eine wichtige Funktion beim Erlernen neuer Verhaltensweisen, um etwa eine Führungskompetenz zu verbessern. „Üben, üben, üben", heißt es in vielen Büchern und Seminaren, wenn es darum geht, neues Verhalten zu erlernen. 10.000 Stunden, so die Faustregel, muss ein Verhalten wiederholt werden, bis es gekonnt wird. Viele Wiederholungen sind tatsächlich notwendig, um eine Sache zu beherrschen. Für exzellente Leistungen sind sie aber nicht hinreichend. Für Spitzenleistungen ist es nötig, die Leistungsengpässe genau zu erkennen und diese aufzulösen. Jeder Topathlet hat einen Coach, der ihn auf Schwächen hinweist und ihm hilft, diese zu korrigieren.

Wir können unsere Konzentration trainieren. Allerdings dürfen wir uns die Konzentration nicht wie einen Ballon vorstellen, mit flexiblen, dehnbaren Grenzen. Das Potenzial unserer Konzentration ist durch die Größe des Arbeitsspeichers im Gehirn begrenzt. Das Bild von Daniel Goleman (2014, S. 19 f.) der starren Leitung trifft den Sachverhalt besser; innerhalb der Leitung kann jedoch der Durchfluss in der Regel noch erheblich optimiert werden. Der erste Schritt für ein wirksames Konzentrationsmanagement besteht darin, wahrzunehmen, wo unsere Konzentration **jetzt** ist und wie sie bedroht wird, z. B. durch Sorgen, Langeweile, Multitasking oder ständige Unterbrechungen. Danach können wir Schritte unternehmen, damit der Fokus erneuert wird, um mit voller Kraft zu arbeiten.

Zur Stärkung der Konzentration gehören **Pausen**. Sehr starke Fokussierung ermüdet, wie ein überbeanspruchter Muskel. Der „Konzentrationsmuskel" lässt sich besonders gut ausruhen, wenn wir unsere volle Aufmerksamkeit auf etwas Entspannendes richten wie die im Yoga gebräuchliche Fokussierung auf die Atmung oder ein Mantra.

Wenn Ihnen das Stillsitzen schwerfällt, können Sie die nachfolgende kleine Gehmeditation (Harp 2014, S. 64 f.) nutzen, um Ihre Konzentration zu stärken. Wenn Ihnen die Meditation gefällt, wiederholen Sie sie, wenn Sie unterwegs sind: auf dem Autobahnrastplatz, am Bahnhof, beim Spaziergang während der Mittagspause. Diese Übung funktioniert auch in der Fußgängerzone, andere bekommen dies nicht mit. (Video 11, http://goo.gl/CDzYqP)

Übung 12

Konzentration stärken – Schrittweise zu mehr Achtsamkeit

Ermitteln Sie die durchschnittliche Schrittzahl, die Sie benötigen, um entspannt vollständig ein- und auszuatmen. In der Regel variiert diese Schrittzahl zwischen drei und vier.

Atmen Sie tief und entspannt ein. Machen Sie sich bereit, am Beginn des Ausatmens den ersten Schritt zu tun:

1. Mit dem beginnenden Ausatmen setzt Ihr Fuß zum ersten Schritt auf.
2. Bezeichnen Sie diesen ersten Schritt beim Aufsetzen des Fußes innerlich mit „aus". Die weiteren Schritte des Ausatmens bezeichnen Sie mit „zwei" und „drei" und gegebenenfalls mit „vier". Die ganze Abfolge lautet dann „aus … zwei … drei (… vier)".
3. Sobald Sie ohne Druck vollständig ausgeatmet haben, setzen Sie am Beginn des Einatmens den Fuß zum ersten Schritt auf und bezeichnen ihn mit „ein"; dann folgt für die Dauer des Einatmens wieder „zwei" und „drei" und eventuell „vier" beim Aufsetzen des Fußes.

Setzen Sie die Übung mindestens über vier vollständige Atemzyklen fort, wenn Sie mögen, auch mehr.

4.4.2 Die zwei Qualitäten der Aufmerksamkeit

Fokussierte und offene Aufmerksamkeit

Wenn Sie Ihre Konzentration schulen wollen, sollten Sie auf die beiden Qualitäten der Aufmerksamkeit achten: die fokussierte und die offene Aufmerksamkeit:

- Die **fokussierte Aufmerksamkeit** ist die intensive Konzentration auf ein Objekt. Der mentale Status ist unverrückbar wie ein Fels, dem der Wind nichts anhaben kann. Er ist wie ein Schloss, in das nur wenige geladene Gäste zugelassen, während die anderen freundlich abgewiesen werden.
- Bei der **offenen Aufmerksamkeit** richtet sich die Aufmerksamkeit auf alle auftretenden mentalen oder sensorischen Eindrücke. Sie ist vergleichbar mit einem offenen Haus, in dem jeder Gast willkommen ist und freundlich hereingebeten wird. Sie ist wie Gras, das sich vom Wind hin und her schaukeln lässt.

Die fokussierte Aufmerksamkeit benötigen wir, um z. B. unsere Intuition und Werte wahrzunehmen. Sie hilft uns, die Beziehungen zu anderen Menschen zu verbessern. Ausgeprägte intuitive und Beziehungskompetenzen wie Empathie oder gutes Zuhören sind ohne die „zielgerichtete" Konzentration nicht herstellbar.

Mit offener Aufmerksamkeit können wir dagegen Muster, Systeme und das große Ganze (big picture) erkennen. Wir brauchen sie, um wahrzunehmen, was in Systemen auf Resonanz trifft. Diese Form der Konzentration nützt Führungskräften bei strategischen Fragestellungen und beim Entwerfen von Zukunftsszenarien. Offene Aufmerksamkeit begünstigt ferner, wie wir in ▶ Abschn. 4.7 noch sehen werden, die Kreativität. Und sie wirkt entspannend, wenn wir uns lange fokussiert haben.

Sie möchten die beiden Qualitäten der Konzentration üben? Dann können Sie das Aufmerksamkeitszirkeltraining durchführen. (Video 12, http://goo.gl/Xb7VwA)

Übung 13

Konzentration stärken – Zirkeltraining für Ihre Aufmerksamkeit

Sitzen Sie bequem in einer Haltung, in der Sie sich entspannt und aufmerksam zugleich fühlen.

Lassen Sie Ihre Gedanken ausruhen. Wenn Sie mögen, können Sie sich vorstellen, Ihr Atem wäre ein Kissen. Lassen Sie Ihre Gedanken darauf ruhen. Kleine Pause: Genießen Sie dieses Ruhegefühl für einen Moment.

Wechseln Sie jetzt in die **fokussierte Aufmerksamkeit**. Richten Sie dazu die Aufmerksamkeit auf Ihren Atem oder einen anderen Gegenstand, auf den Sie meditieren möchten. Ihre Aufmerksamkeit ist stabil wie ein Fels, der jeder Ablenkung trotzt. Sollten Ihre Gedanken abgelenkt werden, bringen Sie sie sachte, aber bestimmt zurück. Führen Sie diese Übung für 2 Minuten durch.
Wechseln Sie nun in die **offene Aufmerksamkeit**. Ihre Aufmerksamkeit nimmt alles auf, was Sie wahrnehmen und Ihnen in den Sinn kommt. Ihre Aufmerksamkeit ist flexibel wie Gras im Wind. So etwas wie Ablenkung gibt es jetzt nicht. Alles, was Sie wahrnehmen, ist Gegenstand der Meditation, alles ist gleich wichtig. Führen Sie diese Übung für 2 Minuten durch.
Kommen Sie jetzt für **2 Minuten** zurück in die fokussierte Aufmerksamkeit. Und wechseln Sie nun noch einmal in die offene Aufmerksamkeit.
Zum Abschluss der Meditation lassen Sie Ihre Gedanken nochmals ausruhen. Als wäre Ihr Atem ein Kissen, auf dem Sie Ihre Gedanken ruhen lassen.
Vielen Dank für Ihre Aufmerksamkeit!

4.4.3 Yoga für mehr Konzentration

Yoga ist eine der ältesten Techniken zur Förderung der Konzentration. Konzentration („Dharana") stellt ein zentrales Element des Yogaweges dar, wie er von Patañjali beschrieben ist. Yoga verbessert, das hat die Wissenschaft klar gezeigt, die Funktionsfähigkeit des Gehirns. Dazu gehört auch die Fähigkeit, sich zu konzentrieren. In einer im Jahr 2010 durchgeführten Studie der Harvard-Universität konnten sich Yogapraktizierende im Schnitt länger konzentrieren, Aufgaben schneller bearbeiten, leichter zwischen verschiedenen Anforderungen wechseln und waren weniger ablenkbar als Vergleichspersonen (Schäfer 2014).

Den Konzentrationsmuskel entspannen

Mit yogischen Methoden, z. B. spezieller Atemführung oder der Nutzung von Mantras, können wir uns entspannen, unserem „Konzentrationsmuskel" schnell und verlässlich eine Pause gönnen. Auch **Gelassenheit** steigert unsere Konzentrationskompetenz. Denn die Aktivierung der Stressreaktion bindet erhebliche Mengen an inneren Ressourcen, die nicht für andere Aktivitäten zur Verfügung stehen. Der Durchfluss der „Konzentrationsleitung" wird vermindert. Wer sich gerade scheiden lässt, wird es schwierig finden, am Arbeitsplatz ganz bei der Sache zu sein. Schauen wir auf Timo Boll, den deutschen Weltklasse-Tischtennisspieler. 22 Hundertstel bleiben ihm Zeit, zu reagieren, wenn der Ball mit 140 Stundenkilometern über das Netz jagt. Boll steht im Ruf, einer der nervenstärksten Spieler der Welt zu sein. Wie schafft es Boll, oft auf dem allerhöchsten Niveau zu spielen? *„Ich versuche jeden Gedanken zu verlieren"*, lautet seine Antwort. Er hat sich mit Meditation beschäftigt, praktiziert Yoga. Zwischen den Ballwechseln rezitiert er Mantras, *„[…] die mich zentrieren und von guten und schlechten Gedanken wegholen."* Dann sei Flow möglich, der Zustand, in dem alles automatisch passiere (Waldherr 2014, S. 93 ff.).

Körperliche Verankerung von Konzentration

In der Yogapraxis wird die Steuerung der Aufmerksamkeit systematisch trainiert. Ständig gilt es, die Aufmerksamkeit zu lenken, auf den Körper, den Geist oder die Atmung, nach innen, nach außen, fokussiert oder offen. Häufig wird Konzentration in Verbindung mit Körperhaltungen erlebt, was die Erfahrung auch körperlich verankert. Im Zustand der vollen Konzentration haben Sie übrigens die größte Kraft, ohne sich körperlich anzustrengen.

Physiologisch betrachtet verbessert Yoga das **Hormonprofil** erheblich, unter anderem durch die Aktivierung der endokrinen Drüsen, die zu einem Testosteronanstieg im Blut führt. Testosteron stärkt die Aufmerksamkeit, das Erinnerungsvermögen sowie das räumliche Vorstellungsvermögen (Broad 2013, S. 147).

Reflexion Sind Sie neugierig, wie gut Sie sich gerade konzentrieren? Dann versuchen Sie, die unten stehenden Fragen kurz zu beantworten:

- In welchem „Gehirn" entsteht die Aufmerksamkeit?
- Welche Qualitäten von Aufmerksamkeit werden unterschieden?
- Warum vermindert Stress unsere Konzentration?
- Erinnern Sie sich an einen der Gründe, weshalb Yoga die Konzentration fördert?

4.5 Intuition: Mit Kopf und Bauch entscheiden

> Alles, was zählt, ist die Intuition. Der intuitive Geist ist ein Geschenk und der rationale Geist ein treuer Diener. Wir haben eine Gesellschaft erschaffen, die den Diener ehrt und das Geschenk vergessen hat. (Albert Einstein)

4.5.1 Intuitive Intelligenz in der Führung

Führungsexperten und Verantwortliche in der Organisationsentwicklung messen neben dem IQ (Intelligenzquotient als Messparameter der rationalen Intelligenz) der emotionalen Intelligenz (EQ) mittlerweile eine hohe Bedeutung bei. Die „intuitive Intelligenz" wird dagegen noch vergleichsweise wenig beachtet. Markus Hänsel und Andreas Scheuch (2003), die sich schon lange mit dem Phänomen der **Intuition** auseinandersetzen, nennen eine Reihe von Führungssituationen, in denen Intuition für Führung nützlich ist: Entscheidungsfindung,

Komplexitätsmanagement, Timing, Zukunftsvisionen, Empathie und kreative Problemlösungen (◘ Tab. 4.1).

Geringe Beachtung intuitiver Intelligenz

Auf intuitive Aspekte von Kreativität (▶ Abschn. 4.7) und Empathie (▶ Abschn. 4.9) kommen wir bei der Vertiefung der einzelnen Kompetenzen noch ausführlicher zu sprechen.

Die intuitive Bewertung von Sachverhalten, ob z. B. die zu treffende Entscheidung eine gute ist oder ob das Timing für das Umsetzen einer Maßnahme das richtige ist, meldet sich im Führungsalltag oftmals über körperliche Signale, die der amerikanische Psychologe Antonio Damásio (2004) als „somatische Marker" bezeichnet. Stellen wir uns verschiedene Handlungsalternativen vor, bekommen wir etwa ein mulmiges Gefühl im Magen oder ein Kribbeln im Bauch.

Es gibt offenbar einen neuroanatomischen Grund für dieses Phänomen der „Verkörperlichung" von Intuition: Unser Erfahrungsschatz ist in den Basalganglien gespeichert. Basalganglien sind entwicklungsgeschichtlich alte Kerngebiete des Gehirns, die keine Verbindung zu den höheren Zentren wie dem Sprachzentrum aufweisen, wohl aber zu seinen emotionalen Zentren und zum Darm. Unser **Erfahrungsschatz** äußert sich deshalb nicht in Worten, sondern sagt uns als Bauchgefühl, was gut oder schlecht ist (Goleman 1995, S. 35 ff.).

Intuition als Beurteilungssystem

Der Mensch verfügt also neben dem rationalen Beurteilungssystem, das an bewusste Prozesse gekoppelt ist, auch über ein Beurteilungssystem, das mit Gefühlen und körperlichen Empfindungen verbunden ist. Wenn wir mit einer schwierigen Fragestellung beschäftigt sind, können auch plötzlich **innere Bilder** entstehen, die uns die Lö-

◘ **Tab. 4.1** Führungssituationen, in denen Intuition hilfreich ist (nach Hänsel und Zeuch 2003)

Situation	Effekt
Entscheidungsfindung	Entscheiden bei knapper/widersprüchlicher Datenlage; unter Zeitdruck
Komplexitätsmanagement	Mustererkennung in der Unübersichtlichkeit hoher Vernetzung und Veränderungsdynamik
Timing	Entwicklung eines Gespürs für gutes Timing und den richtigen Zeitpunkt, besonders in Projekten und im Veränderungsmanagement
Zukunftsvisionen	Generierung von kraftvollen, symbolischen und sinngebenden Leitbildern, die Kunden und Mitarbeiter auf einer emotionalen Ebene ansprechen
Empathie	Wahrnehmung subtiler Beziehungsinformationen und nonverbaler Signale; spüren, was für andere von Bedeutung ist
Kreativität	Nutzung unbewusster Potenziale und intuitiver Assoziation

sung aufzeigen. Wie bei August Kekulé: Der deutsche Chemiker war auf der Suche nach der Strukturformel des Benzols. Eines Abends saß er vor seinem Kamin, döste ein und sah vor seinem geistigen Auge eine Schlange, die sich in den Schwanz beißt und ein Rad bildet. Kakulé ahnte plötzlich die Lösung: Benzol hat eine Ringstruktur. Kakulé überprüfte seine Ahnung im Labor, er lag richtig. In der Theory U von Otto Scharmer ist Intuition der Schlüsselfaktor für das Generieren neuer Lösungen (▶ Abschn. 2.2.1).

Eine starke Intuition kann uns Halt geben, wenn es darum geht, mutige **Entscheidungen** zu treffen. Stefan Hell erhielt 2014 den Chemie-Nobelpreis für die Entwicklung eines Mikroskopes zur Beobachtung von Nanostrukturen. Die 4Pi-Mikroskopie, die auf Effekten der Lichtbeugung basiert, wird besonders intensiv in der Zellbiologie genutzt. Als Stefan Hell noch ein junger Forscher war, erhielt er in seinem Heimatland Deutschland für seine Forschungen keine Gelder. Die Physikexperten waren der Meinung, in seinem Fachgebiet gäbe es keine wissenschaftlichen Durchbrüche mehr. Hell ging daraufhin für einige Jahre nach Finnland. Er folgte damit einer inneren Gewissheit, wie er in einem Rundfunkinterview mit Stefan Bücheler (2015) verriet: *„Ich habe intuitiv, auf Basis einer fundierten Physikausbildung, gewusst, dass in Sachen Lichtbeugung etwas möglich ist."*

Entscheidungen

Entscheidungen zu treffen, ist eine Kernaufgabe von Führung – auch in selbstorganisierten Netzwerken müssen letztlich Entscheidungen getroffen werden. Entscheiden wird oft mit Handeln verbunden. Aber auch jedes Wahrnehmen und Denken, das einer Handlung vorausgeht, ist mit Entscheidungen verbunden (Zeuch 2010, S. 119). Immer ist eine Wahl aus einer schier unendlichen Menge an Optionen gefordert. Eine bewusste Wahl treffen wir beispielsweise, wenn wir Selbstwahrnehmung oder Konzentration üben. Was wollen wir wahrnehmen, auf welche Gegenstände wollen wir unsere Aufmerksamkeit lenken?

4.5.2 Intuition und Entscheidungen unter Komplexität und Unsicherheit

Überforderung durch zu viele Optionen

Im VUCA-Umfeld (▶ Kap. 2) unternehmerische Entscheidungen zu treffen, wird immer schwieriger. Häufig werden schnelle Reaktionen gefordert, bei dünner und/oder widersprüchlicher bzw. nicht vertrauenswürdiger Datenbasis. Oder es gibt schlicht zu viele Daten. Das Internet beispielsweise verschafft uns Zugang zu einer Unmenge an Informationen, eigentlich müssten wir klüger sein als je zuvor. Doch anstatt aufgrund einer besseren Datenlage auch bessere Entscheidungen zu treffen, fühlen sich viele Führungskräfte überfordert. Die US-Psychologin Sheena Iyengar von der Columbia Business School nennt dieses Phänomen **Choice Overload Effect** (Holtermann 2010). Menschen fühlen sich von vielen Optionen überfordert.

Die Intuition ist das beste Hilfsmittel bei schnellen und komplexen Entscheidungen. Das belegen zahlreiche Fakten, die Entscheidungsforscher, Neurowissenschaftler und Psychologen mittlerweile zusammengetragen haben. Für den Psychologen Gerd Gigerenzer sind daher gute Intuitionen für eine Führungskraft unabdingbar. Der Begriff „Intuition", landläufig auch „Bauchgefühl" genannt, bezeichnet laut Gigerenzer und Gaismeier (2012, S. 4) ein Urteil,

- das rasch im Bewusstsein auftaucht,
- dessen tiefere Gründe uns nicht ganz bewusst sind und
- das stark genug ist, um danach zu handeln.

Die Intuition beruht auf dem Erfahrungsschatz, den wir im Laufe unseres Lebens erworben haben. Auf Grundlage unserer Erfahrungen bewertet unser schnell denkendes Gehirnnetzwerk jeden aktuellen Sachverhalt und kommt weit schneller zu einem Urteil, als dies durch eine rationale und bewusste Bearbeitung der Sachlage möglich wäre. Die von den Wissenschaftlern als **adaptives Unbewusstes** bezeichnete Intuition können wir uns als eine Art Supercomputer vorstellen, der schnell und unbemerkt all die Unmengen von Daten verarbeitet, die auf uns einströmen. Die wesentlichen Merkmale einer Situation werden blitzschnell erfasst und ausgewertet. Diese Funktionalität des Gehirns ermöglicht uns z. B., blitzschnell auszuweichen, wenn wir als Fußgänger in der Stadt einen Radfahrer auf uns zurasen sehen.

Balance zwischen Intuition und Ratio

Bei der Stärkung der intuitiven Fähigkeiten geht es nicht darum, die Ratio auszuschalten und sich die Konsequenzen des Handelns nicht bewusst zu machen. Wir können die Ratio nicht klar von der Emotion und Intuition trennen. Im Zusammenhang mit der Kompetenz „Gelassenheit" haben wir gesehen, wie eng Kognition und Emotion aneinander gekoppelt sind (▶ Abschn. 4.3). Für die Intuition gilt dasselbe. Jede Entscheidung ist immer rational, emotional und intuitiv geprägt. Wir sind nicht in der Lage, alle die unbewussten Stimmungen, Wahrnehmungen und Informationsverarbeitungsprozesse aus der Entscheidungsfindung auszuschließen. Die Kunst besteht vielmehr darin, eine Balance zwischen Intuition und Ratio zuzulassen. Für Daniel Kahneman (2012) ist die Intuition vor allem eine Fehlerquelle. Aber nicht alle Probleme lassen sich durch Berechnung besser lösen, und in vielen Situationen bringt die Einbeziehung der Intuition bessere Führungsergebnisse.

Dazu der Hirnwissenschaftler Gerhard Roth (2014, S. 45): *„Rationale Entscheidungen haben große Nachteile: Zum einen kosten sie häufig viel Zeit und Nerven, zum zweiten sind sie für Situationen und Probleme größerer Komplexität und Tragweite ungeeignet und führen dann selten zu guten Ergebnissen."* Bei Entscheidungen in komplexen Problemsituationen fahren Sie laut Gerhard Roth am besten, wenn Sie dem Nachdenken nur eine begrenzte Zeit opfern. Verlieren Sie sich dabei nicht im Nebensächlichen. Dann sollten Sie nicht mehr nachdenken, sondern die Sache überschlafen oder etwas ganz anderes tun und bei einem neuen Entscheidungstermin einen Tag später mehr oder weniger spontan entscheiden.

Intuitive Regeln, um entscheiden zu können

Gerd Gigerenzer, Direktor des Max-Planck-Instituts für Bildungsforschung in Potsdam, wird differenzierter, wenn er uns Hilfestellung für die Nutzung der „Intelligenz des Unbewussten" in der Führung anbietet. Gestützt auf seine langjährigen wissenschaftlichen Untersuchungen gibt Gigerenzer Führungskräften vier nützliche intuitive Regeln an die Hand, um schnell und/oder in komplexen Situationen entscheiden zu können (Gigerenzer und Gaismeier 2012, S. 13 ff.):

1. **Das nehmen, was Sie wissen:** Dieses Prinzip ist besonders wirksam, wenn Unwissen (also das Nichtwiedererkennen von Dingen) systematisch statt zufällig ist, z. B. bei der Bewertung anderer Unternehmen oder auch von Bewerbern oder Kooperationspartnern. Wenn Sie schon einmal von jemandem gehört haben, kann das ein gutes Zeichen sein.
2. **Nur einen Grund berücksichtigen:** Eine Führungskraft, die sich auf einen guten Grund verlässt, trifft nachweislich bessere Entscheidungen, als wenn sie versuchen würde, alle Gründe zu berücksichtigen – mit oder ohne statistische Methoden. Ein komplexes Problem lässt sich besser durch eine einfache Strategie lösen, die auf einen guten Grund setzt.
3. **Alle Optionen gleich gewichten:** Harry Markowitz hat den Nobelpreis für Ökonomie für seine Portfolio-Optimierungsstrategie erhalten. Man sollte annehmen, er teile sein eigenes Geld nach dieser Strategie auf die ausgewählten Fonds auf, gemäß der Vorstellung, komplexe Probleme benötigten komplexe Antworten. Markowitz hat aber anders entschieden. Er verließ sich auf eine intuitive Regel, die einfach darin besteht, sein Geld gleichmäßig auf die Fonds zu verteilen – eine einfache Lösung für ein komplexes Problem.
4. **Auf das verlassen, was Ihnen als Erstes in den Sinn kommt:** In Bereichen, in denen Führungskräfte viel Erfahrung haben, ist es nicht zufällig, welche Handlungsmöglichkeiten ihnen als Erstes in den Sinn kommen. Ihr Erfahrungsgedächtnis, ihre Intuition ist aktiviert. Wichtig ist daher, sich zu fragen, ob diese Erfahrungen für die aktuell anstehende Entscheidung repräsentativ sind. Stuft eine Führungskraft ihre Erfahrung als passend ein, dann ist Mut gefragt, die anderen Optionen nicht auch zu bedenken, sondern sich schnell zu entscheiden. Verfügen Sie dagegen in einem Bereich über wenig Erfahrung oder unterscheidet sich die Situation grundlegend von vertrauten Situationen, dann lohnt es sich, verschiedene Handlungsmöglichkeiten gründlicher abzuwägen.

Gigerenzers Regeln sind ein sehr gutes Hilfsmittel für die praktische Nutzung von Intuition in der Führung.

An der letztgenannten Regel scheint sich Opel-Chef Karl-Thomas Neumann zu orientieren. Er spricht gegenüber der Wirtschaftswoche von einer permanenten Kraftprobe zwischen Bauch und Verstand, die mit zunehmendem Alter aber immer häufiger der Bauch gewinne (Freitag 2015). Älteren Menschen fällt es offenbar leichter, ihrer Intuition zu vertrauen. Dies sollte nicht zu dem Schluss verleiten, Intuition könne nur auf das Erfahrungswissen beschränkt werden. Erprobtes Wissen kann im Gegenteil hinderlich sein, wenn wir Neuland betreten und dabei in die Erfolgsfalle tappen: Verhalten, das gestern erfolgreich war, kann morgen, unter veränderten Bedingungen, kontraproduktiv sein. Wie Andreas Zeusch (2010, S. 108) anhand zahlreicher Beispiele zeigt, können auch Anfänger intuitiv richtig entscheiden.

Wie kann Yoga helfen, eine bessere Balance zwischen Ratio und Intuition herzustellen?

4.5.3 Professionalisierung der Intuition durch Yoga

Professionelle Nutzung der Intuition

Um unsere intuitiven Fähigkeiten zu verbessern, gilt es zunächst einmal, den oft verloren gegangenen Zugang zum Bauchgefühl wiederzufinden und wahrzunehmen, wie man sich fühlt. Dabei ist uns **Achtsamkeit** sehr nützlich, sie ist das Fundament der Professionalisierung der Intuition. Es ist darüber hinaus wichtig, den inneren Bildern und Stimmen des Unbewussten Raum zu geben. Ein intuitionsförderndes Umfeld erlaubt Auszeiten und Momente der entspannten Ruhe. Dies kann beispielsweise im Halbschlaf oder während eines Spaziergangs geschehen oder bei der Meditation (Zeuch 2010, S. 161).

Mit dieser Übung können Sie Ihr Spürbewusstsein für Ihren Körper und Ihre Emotionen trainieren. (Video 13, http://goo.gl/NEiVKW)

Übung 14

Intuition schulen – Beobachten Sie Körper und Geist aufmerksam

Bei dieser Achtsamkeitsmeditation können Sie sich vorstellen, Sie würden Ihren Körper mit Ihrer Aufmerksamkeit langsam abtasten, als lägen Sie in einer Scannerröhre, die Sie von Kopf bis Fuß langsam untersucht.

Sitzen Sie bequem. Finden Sie eine Haltung, in der Sie sich gleichzeitig entspannt und wachsam fühlen. Bleiben Sie für einen Moment so sitzen.

Richten Sie Ihre Aufmerksamkeit aus

Schließen Sie Ihre Augen und führen Sie Ihre Aufmerksamkeit sachte zu Ihrem Atem. Vielleicht beobachten Sie Ihren Atem an Ihren Nasenlöchern oder Ihrer Bauchdecke. Nehmen Sie das Einatmen wahr, das Ausatmen und die Pause dazwischen.

A. **Scan des Körpers**

Kopf: Richten Sie jetzt für **1 Minute** Ihre Aufmerksamkeit auf den Scheitelpunkt Ihres Kopfes, die Ohren und die Rückseite Ihres Kopfes. Nehmen Sie für 1 Minute alle Sinneseindrücke wahr. Sollten Sie nichts wahrnehmen, dann ist das auch eine Wahrnehmung.

Gesicht: Gehen Sie für **1 Minute** mit Ihrer Aufmerksamkeit zu Ihrem Gesicht – zu Ihrer Stirn, den Augen, Wangen, der Nase, den Lippen, dem Mund, auch dem Mundinneren, dem Gaumen, der Zunge.

Nacken und Schultern: Richten Sie für **1 Minute** Ihre Aufmerksamkeit auf Ihren Nacken, Ihren Hals und Ihre Schultern.

Rücken: Bringen Sie Ihre Aufmerksamkeit für **1 Minute** zum unteren Rücken, zum mittleren Rücken und dann zum oberen Rücken. Der Rücken trägt viel unserer Last und „speichert" Anspannung. Geben Sie Ihrem Rücken die Aufmerksamkeit und Wertschätzung, die er verdient.

Vorderer Oberkörper: Bringen Sie jetzt Ihre Aufmerksamkeit für **1 Minute** zu Ihrem Brustkorb und Bauch. Wenn es Ihnen möglich ist, dann bringen Sie Ihre Aufmerksamkeit auch zu Ihren inneren Organen, was immer dies für Sie heißt.

Körper als Ganzes: Und richten Sie nun für **1 Minute** Ihre Aufmerksamkeit auf Ihren gesamten Körper.

B. **Scan der Emotionen**

Haben Sie irgendwelche Empfindungen in Ihrem Körper wahrgenommen? Wenn dem so ist, dann registrieren Sie dies. Falls nicht, dann nehmen Sie auch dies einfach nur zur Kenntnis.

Positive Emotionen: Versuchen Sie jetzt, eine positive Emotion in Ihrem Körper wahrzunehmen. Erinnern Sie sich an eine glückliche, freudvolle Situation oder an eine Zeit, als Sie sich gut fühlten und besonders produktiv waren, oder an eine Zeit, in der Sie sich mutig fühlten.

Erfahren Sie das Gefühl, das mit dieser positiven Erinnerung verbunden ist. Bringen Sie jetzt Ihre Aufmerksamkeit zu Ihrem Körper. Wie fühlt sich diese positive Emotion in Ihrem Körper an – im Gesicht, im Nacken, im Brustkorb, im Rücken? Wie atmen Sie? Nehmen Sie in den Körperregionen unterschiedliche Spannungen wahr? Beobachten Sie sich für **2 Minuten**.

Zurück zum Start: Kommen Sie nun wieder zurück in das Jetzt. Wenn Sie noch emotional aufgeladenen Gedanken nachhängen, lassen Sie sie gehen. Bringen Sie Ihre Aufmerksamkeit entweder zu Ihrem Körper oder zu Ihrem Atem, abhängig davon, was Ihrem Geist mehr Stabilität gibt. Ihre Gedanken dürfen sich für 2 Minuten dort niederlassen.

Zum Abschluss atmen Sie noch einmal tief ein und aus. Öffnen Sie dann Ihre Augen.
Vielen Dank für Ihre Aufmerksamkeit!

Vielleicht wollen Sie Ihre Intuition mit Learning by Doing schulen. Dann können Sie die **Innenschau in acht Schritten** (Walch 2011, S. 55 ff.) ausprobieren. Es geht darum, Ihre inneren Bilder und Stimmen für konkrete Fragestellung nutzbar zu machen. Wenn Sie Ihren inneren Ratgeber häufiger einbeziehen, trainieren Sie damit auch den Umgang mit Ihrem unbewussten Erfahrungsschatz.

Setzen Sie sich bequem hin. Legen Sie Stift und Papier bereit. (Video 14, http://goo.gl/pLXU24)

Übung 15

Intuition schulen – Nutzen Sie Ihre innere Weisheit

1. Halten Sie für einen Augenblick inne und nehmen Sie wahr, welche Frage oder welches Thema Sie zurzeit am meisten in Ihrer Führungsfunktion beschäftigt. Formulieren Sie daraus eine ganz konkrete Fragestellung. Diese schreiben Sie sich auf.
2. Schließen Sie die Augen und registrieren Sie alles, was schon zu dieser Frage an Ideen, Ratschlägen und vorläufigen Antworten aufgetaucht ist. Lassen Sie sich Zeit dafür, bis Sie den Eindruck haben, alles ist vollständig. Sie können sich auch vor Ihrem geistigen Auge einen Kreis zeichnen und alle diese Aspekte symbolisch dort hineinlegen.
3. Ganz allmählich stellen Sie sich vor, wie Sie mit dem Ausatmen alle diese Aspekte loslassen oder aus dem Kreis heraus befördern. Zuletzt bleibt nur Ihre Frage übrig. Vielleicht hat sie sich in der Zwischenzeit auch leicht verändert. Sie machen jetzt eine kleine Reise nach innen und nehmen nur noch diese Frage mit.
4. Rücken Sie jetzt ein wenig auf Ihrem Stuhl nach vorne, sodass sich Ihr Rücken von alleine aufrichtet und die Wirbelsäule über dem Becken zentriert ist. Die Hände legen Sie geöffnet auf den Schoß. Sie spüren sich ganz präsent im Hier und Jetzt und nehmen den Raum neben Ihnen, unter Ihnen und über Ihnen wahr. Sie spüren, wie Sie und der Raum eins werden. Der persönliche Raum verschmilzt mit dem großen Raum. Dann atmen Sie einige Male durch die Nase tief ein und aus.

5. Lenken Sie jetzt Ihre Aufmerksamkeit mehr und mehr von außen nach innen. Ruhig fließt der Atem weiter ein und aus. Falls Sie körperliche Spannungen erleben, registrieren Sie diese ohne Bewertung. Stellen Sie sich vor, wie Sie die Spannung mit dem Ausatmen loslassen. Vielleicht dauert es noch eine Weile, bis die Geräusche abnehmen und Sie sie am Ende vielleicht ganz hinter sich lassen können. Möglicherweise erleben Sie auch jetzt schon, wie Sie sanft nach innen gleiten. Sie spüren, wie Sie Schritt für Schritt, ganz von selber, immer tiefer kommen. Lassen Sie sich einfach weiter, etwa mithilfe Ihres Atems, nach innen führen. Immer tiefer, immer weiter, bis Sie die Empfindung haben: Hier ist mein Innerstes, mein im Augenblick spürbarer tiefster Grund. Dann stellen Sie sich vor, wie Sie sich dort, in Ihrem Zentrum, in Ihrer Mitte, einrichten und niederlassen.
6. Wenn Sie in ein paar Augenblicken die vorbereitete Frage Ihrem Innersten stellen, dann ist es wichtig, einfach alles aufzunehmen, was danach kommt. Seien es Sätze, Bilder, Geräusche, Gefühle, Empfindungen oder körperliche Zustände. Die Antworten können sich in unterschiedlichster Weise einstellen. Es geht darum, alles zu registrieren, ohne es zu interpretieren oder zu kommentieren.

   Spüren Sie nun nochmals zu Ihrem Zentrum und übergeben Sie vertrauensvoll die vorbereitete Frage Ihrem Innersten. Sie können sich vorstellen, wie Sie ein Kuvert mit der Frage in Ihre innere Mitte legen. Dann registrieren Sie für die nächsten Minuten das, was passiert. Sie brauchen nur die Frage zu stellen und darauf zu achten, was geschieht.
7. Bevor Sie allmählich die Reise zurück antreten, können Sie dem Inneren noch Danke sagen.

   Langsam kommen Sie nun mit Ihrer Aufmerksamkeit an die Oberfläche zurück. Fließend und leicht, noch mit geschlossenen Augen, nehmen Sie wieder Ihren Körper und den Raum, in dem Sie sich befinden, wahr. Öffnen Sie nun Ihre Augen und sehen Sie sich im Raum um. Dabei können Sie sich ein wenig strecken und dehnen. In den nächsten Minuten schreiben Sie alles auf, was Sie registriert haben.
8. Dann legen Sie beides nebeneinander, die Fragestellung und die Antworten. Lassen Sie es auf sich wirken, und vielleicht ergeben sich dadurch neue Sichtweisen.

Intuition benötigt Präsenz

Eine effektive Intuition benötigt die achtsame Wahrnehmung des Hier und Jetzt, gestützt auf eine möglichst hohe Präsenz. Führungskräfte, die in Selbstwahrnehmung, Gelassenheit und Konzentration geschult sind, haben daher beste Voraussetzungen, gute intuitive Entscheidungen zu treffen. Die Yogapraxis kann hierbei sehr gut unterstützen, besonders durch achtsame Körperwahrnehmung und Meditation. Nach yogischer Vorstellung erfolgt die Entwicklung von Intuition durch das Üben von Konzentration („Dahrana"), Meditation („Dhyana") und tiefer Versenkung („Samadhi"). Yogi Bhajan, der den populären Kundalini-Yoga während der 1960er-Jahre in den Westen brachte, betrachtete Intuition als „die Schlüsselfähigkeit für das 21. Jahrhundert".

4.6 Mut: Agieren jenseits der Komfortzone

> » When everything seems to be going against you, remember that the airplane takes off against the wind, not with it. (Henry Ford)

4.6.1 Wir brauchen mehr Mut in der Führung

Kultur des Ja-Sagens

Mutig zu entscheiden und zu handeln, ist eine unternehmerische Kardinaltugend. Die Unternehmerlegende Walt Disney hat Mut – neben Neugier, Zuversicht und Beharrlichkeit – als eines von vier Prinzipien erfolgreichen Unternehmertums formuliert (Holm-Hadulla 2010, S. 67). Oft finden wir jedoch alles andere als eine Mutkultur. Burkhard Schwenker, ehemals Chef der Unternehmensberatung Roland Berger, moniert zu Recht, in den Unternehmen und Führungsetagen dominiere eine Kultur des Ja-Sagens (Schwenker 2013). Dem ist leider zuzustimmen. Es darf allerdings kritisch gefragt werden, ob das Ja-Sagen nicht auch in Unternehmensberatungen weitverbreitet ist. Aus meiner Erfahrung gibt es nicht viele Berater, die es wagen, dem Kunden die Wahrheit zu sagen – besonders, wenn damit ein großer Auftrag in Gefahr gerät.

Mut heißt, trotz Angst zu agieren

Was ist eigentlich **Mut**? Laut Duden ist Mut die Fähigkeit, in einer als gefährlich und riskant empfundenen Situation seine Angst zu überwinden. Mut bedeutet also nicht, keine Angst zu haben, sondern trotz Angst zu handeln.

Wenn wir mutig agieren, verlassen wir unsere Komfortzone und gehen den Schritt ins Unbekannte, in die Unsicherheit. Weil Sicherheit ein psychologisches Grundbedürfnis ist, kann dies **Angst** erzeugen. Angst ist eine emotionale Stressreaktion, die in entwicklungsgeschichtlich sehr alten Hirnregionen, dem sogenannten Reptiliengehirn bzw. Hirnstamm, entsteht. Das Reptiliengehirn gehört zu jenen Gehirnarealen, die Daniel Kahneman (2012) als „schnelllenkend" bezeichnet. Angst ist für uns Menschen grundsätzlich sehr hilfreich. In bedrohlichen Situationen verfügen wir über eine hohe, automatisch ausgelöste Aufmerksamkeit und sind schnell handlungsbereit, um uns der Bedrohungssituation zu entziehen (Kampf-oder-Flucht-Reaktion). Angst trägt zu unserem Überleben bei. Als hemmend und einschränkend empfinden wir Angst in den Momenten, in denen sie unsere Handlungsfähigkeit ungewollt einschränkt und das schnell denkende Gehirn die Regie für den weiteren Ablauf der Situation übernimmt.

Angst gehört zu unseren Urinstinkten. Angstüberwindung stellt deshalb eine große Herausforderung für unsere persönliche Entwicklung dar. Mut in der Führung zu zeigen, ist eine Frage der Haltung. Dr. Ursula Schütze-Kreilkamp, zuständig für die Personalentwicklung der Führungskräfte der Deutschen Bahn, reflektiert über ihre persönliche Mutentwicklung (ifp 2014, S 18 ff.): *„Ich habe mal einer Konferenz beigewohnt, in der Führungskräfte gedemütigt wurden. Das war so schockierend und erschütternd für mich, dass ich eigentlich hätte aufstehen und gehen müssen. Über dieses Erlebnis bin ich sehr gereift. Ich kann nicht immer Leidtragende beschützen, nicht immer dazwischengehen. Ich kann aber eines tun: Aufstehen und mich entscheiden, einer solchen Situation nicht beizuwohnen."*

Mutig Führen heißt manchmal auch, Gelassen zu bleiben. Regina von Fleming, ehemalige Leiterin des Büros des Axel-Springer-Verlages in Russland kann davon ein Lied singen. Ein Journalist ihres Teams wurde nur wenige Meter vor der Tür des Redaktionsbüros erschossen. Das Wichtigste, sagt sie, sei damals gewesen, die Ruhe zu bewahren. In jenen Tagen, so Frau von Fleming, hätte sie noch kein Yoga praktiziert, aber sie wünschte, sie hätte 10 Jahre früher damit angefangen (TED^{x}BerlinSalon 2015).

Es gibt eine Vielzahl typischer Führungssituationen, in denen mutiges Handeln gefragt ist:

- **Klarheit schaffen:** Sagen, wofür ich stehe, und wofür nicht, besonders wenn „Verluste" drohen. Eine der Klarheit verpflichtete Haltung ist in vielen Führungssituationen gefragt, wenn es etwa darum geht, Konflikte austragen, Verbindlichkeit herzustellen oder Rechenschaft zu fordern.
- **Die Entstehung und Verbreitung von Heldengeschichten verhindern:** Lernen braucht Mut zur Reflexion, zur Führung ohne Selbstbetrug (let's face it).
- **Schlechte Nachrichten übermitteln, die Wahrheit sagen:** Eine der größten Mutproben für Führungskräfte ist es, den Mitarbeitenden, Kunden oder Investoren das zu sagen, was sie nicht hören wollen.

Sehr oft wird in solchen Situationen die „Salamitaktik" angewendet. Kurz nach seinem Amtsantritt stand der neue Co-CEO der Deutschen Bank, John Cryan, dem Aufsichtsrat Rede und Antwort zu seinen Plänen für den Umbau des Unternehmens. *„Er hat etwas getan, was bei der Deutschen Bank ungewöhnlich ist: Er hat ganz offen die Wahrheit gesagt. [...] Man hatte zum ersten Mal überhaupt das Gefühl, dass einer Klartext spricht"*, wird ein Teilnehmer der Aufsichtsratsklausur zitiert (Bloomberg und Reuters 2015, S. 1).

- **Der Intuition folgen, auch wenn die Umgebung dies nicht nachvollziehen kann:** Larry Page und Sergey Brin, die Google-Gründer, verbrachten Jahre damit, Investoren von ihrer Idee einer Suchmaschine zu überzeugen. Sie gaben nicht auf. Unternehmer tun dies ständig, wenn sie Neuland erschließen und Erfahrungsregeln brechen. Es braucht Mut, um die Gewissheit sicherer Ergebnisse zugunsten einer scheinbar verrückten Idee zu verlassen. So wie das auch der Chemie-Nobelpreisträger Stefan Hell getan hat (▶ Abschn. 4.5.1).
- **Risiken und Misserfolge in Kauf nehmen und sich von der Illusion der Sicherheit verabschieden:** Noch gibt es nicht viele Unternehmen, die Scheitern erlauben und als Lernen begreifen.
- **Kritikern offen zuhören und das ernst nehmen, was sie zu sagen haben:** Mut und Bescheidenheit müssen größer sein als Ego und Hybris.

Zum Widerspruch auffordern

Manchmal erinnert mich die Unternehmensspitze eines Unternehmens an das Cockpit der Asian Airlines im Jahre 2013, Flugnummer 214, im Landeanflug auf San Francisco. Die Landehilfen auf dem Flughafen waren wegen Reparaturarbeiten abgeschaltet. Der Chefpilot hatte zwar, wie er später zugab, schon beim Start Zweifel, ob er die Boeing 777 sicher landen könne; aber Kollegen anderer Fluglinien hatten es vorher schon geschafft, da wollte er sich keine Blöße geben. Beim Landeanflug zeichneten sich Probleme ab, der Sinkflug war viel zu schnell. Darauf wies der Kopilot mehrmals hin. Der Chefpilot nahm dies jedoch nicht zur Kenntnis. Die Maschine legte eine Bruchlandung hin, einige Menschen starben, viele wurden verletzt. Die Fluggesellschaften haben aus schlechten, teils tragischen Erfahrungen gelernt und wollen für eine Cockpitkultur Sorge tragen, in der nicht allein die Meinung des Chefs zählt. Eine „Kultur der Assertiveness", die Widerspruch regelrecht einfordert, wäre für viele Organisationen von hohem Nutzen. Sie ist das genaue Gegenteil einer Kultur des Ja-Sagens.

- **Kreativität braucht Mut:** Damit ist gemeint, sich von den Urteilen anderer frei zu machen. Wir gehen auf diesen Aspekt im Zusammenhang mit Kreativität in ▶ Abschn. 4.7 näher ein.

Instabilitäten aushalten

- **Instabilitäten, die mit Veränderungen verbunden sind, zulassen und zielgerichtet nutzen:** Instabilitäten können die Ursache oder das zwischenzeitliche Ergebnis von Veränderung sein. Sie sind häufig mit hoher Unsicherheit verbunden. Diese Unsicherheit auszuhalten, nicht in den Change-Management-Aktionismus zu verfallen, der Sicherheit vorgaukelt, aber einen Großteil der Veränderungsdynamik im System ersticken kann, erfordert erheblichen Mut.
- **Unterstützende Führung gewährleisten:** Mut und Selbstvertrauen benötigen Menschen auch dann, wenn sie unterstützend führen wollen und andere dazu ermutigen, mehr Selbstvertrauen zu entwickeln, sich Herausforderungen mit Zuversicht zu stellen

und so im Laufe der Zeit immer mehr von ihrem Potenzial zu verwirklichen.

Aus Angst vor emotionalem Schmerz oder Unlust, die beispielsweise mit den oben aufgeführten Führungssituationen verbunden sein können, werden ausgeklügelte Vermeidungsstrategien entwickelt. Psychologen nutzen zwei Wege, um Menschen den Umgang mit Angstsituationen zu ermöglichen und Mut freizusetzen (van der Horst und Pauli 2014):

- Sich der Angst stellen, sich mit dem eigenen Angst- und Denksystem konfrontieren, um zu einer realistischen Selbsteinschätzung zu gelangen (Konfrontationstherapie). Oft sind unsere Bewertungen übertrieben.
- In kleinen Schritten positive Erfahrungen im Umgang mit dem Angstauslöser machen (z. B. über eine sogenannte Angstleiter). Dadurch werden Anker geschaffen, an die wir uns erinnern können, wenn die Angst kommt.

4.6.2 Yoga als Mutwerkstatt

Verringerte Leistungsangst

Eine regelmäßige Yogapraxis führt generell zu weniger Angst. Dies zeigen wissenschaftliche Studien, etwa der Harvard Medical School (Broad 2013, S. 152 ff.). Dort fand man z. B. heraus, dass junge Musiker der Akademie des Boston Symphony Orchestra, die regelmäßig Yoga trainierten, bei ihren Soloauftritten eine deutlich verringerte Leistungsangst verspürten als solche, die kein Yoga machten. Viele weitere Studien veranschaulichen die positive Wirkung von Yoga als Stimmungsaufheller. Seit Wissenschaftler Yoga als vielversprechende Methode für die Behandlung von Depressionen und Angst eingestuft haben, kommt Yoga in diesen Bereichen immer mehr zum Einsatz.

Offenbar lernen Yogaübende eine adäquate Bewältigungsstrategie für ihre individuellen Ängste. Besonders bei herausfordernden Körperübungen oder Meditationen kommt es darauf an, sich mentalen Blockaden zu stellen und schrittweise positive Erfahrungen zu machen.

In Momenten, in den Sie sich verzagt fühlen, kann Ihnen eine kleine Meditation Mut spenden (Walch 2011, S. 132). (Video 15, http://goo.gl/ruZSPD)

Übung 16

Mut tanken – Vertrauen Sie Ihrer inneren Kraft
Sitzen Sie bequem. Finden Sie eine Haltung, in der Sie sich gleichzeitig entspannt und wachsam fühlen. Schließen Sie die Augen und lassen Sie folgende Fragen auf sich wirken:

1. In welchen Situationen stelle ich mein Licht unter den Scheffel? Wie werte ich mich selbst ab? Welche Fähigkeiten lasse ich verkümmern?
2. Atmen Sie jetzt etwas tiefer. Beugen Sie sich in Ihrer Vorstellung mitfühlend über das innere Wesen, das sich erniedrigt fühlt.
3. Ein warmer Strom von Liebe kann dabei aus Ihrem Herzen fließen und Sie einhüllen. Gleichzeitig erlauben Sie sich, leise zu sagen: „Ich vertraue der Kraft in mir." Dann stellen Sie sich vor, welche Auswirkungen es hätte, wenn Sie Ihre Fähigkeiten verwirklichen würden. Möglicherweise kann davon auch etwas in der Realität umgesetzt werden.

Mutmacher der Yogapraxis

Mutfördernd wirkt oft auch die Erfahrung, sich selbst in einem Raum auszuprobieren, in dem der Wettbewerbsgedanke keinen Platz hat. Stark leistungsorientierte Menschen, die sich dem „Gut-Machen-Wollen" sehr verpflichtet fühlen, müssen die Freude am Ausprobieren meist erst wieder lernen. Die Yogapraxis, eigentlich jede Übungsstunde, wirkt noch aus einem anderen Grund als „Mutwerkstatt": Häufigen Angstauslösern in der Führung wird mit mentalen und körperlichen Mutmachern begegnet (▪ Abb. 4.8).

Yoga fördert die Selbstwahrnehmung und damit die wirklichkeitsnahe Selbsteinschätzung sowie das Selbstvertrauen. Mit stabilem, maßvollem Selbstvertrauen ausgestattete Führungskräfte sind weniger anfällig für Versagens- und Konfliktängste.

In Zeiten ständiger Veränderungen, mit Reorganisationen und Personalabbau, sind Karriereängste weitverbreitet. Oft sind die Befürchtungen unbegründet, rauben uns aber viel Energie. Und wenn die befürchtete Situation eintritt, benötigen wir einen klaren Verstand. Die yogischen körperlichen und mentalen Techniken zur emotionalen Selbststeuerung, von denen in diesem Buch einige enthalten sind, führen zu mehr Gelassenheit. Besonders in Verbindung mit stabilem Selbstvertrauen erleichtern sie daher häufig den Umgang mit

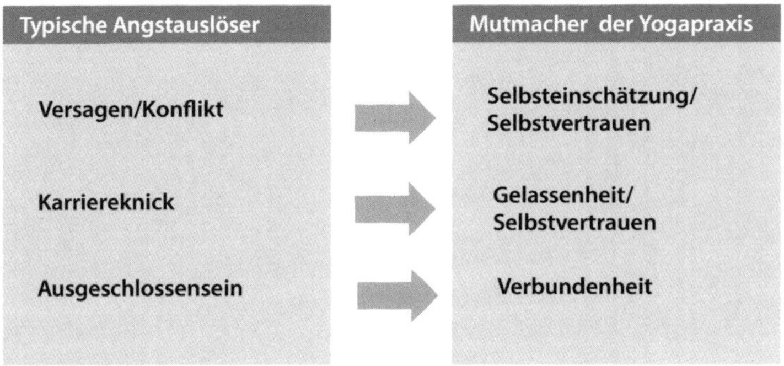

▪ **Abb. 4.8** Mutwerkstatt Yoga

einem (befürchteten) Karriereknick. Diese Erfahrung mache ich z. B. in meinen Coachings, wenn unter anderem Atemtechniken gelernt werden. Oder wenn Menschen die Erkenntnis gewinnen, dass sie nicht identisch mit ihren Befürchtungen und Sorgen sind, indem sie Beobachtung und Bewertung trennen. Manchmal wirkt längerfristiges Yogatraining wie die Babypause bei vielen Frauen: Wenn sie zurückkommen, blicken sie gelassener auf ihre Karriere, andere Werte gewinnen an Bedeutung.

Gefühl von Verbundenheit

In der Meditation können zudem starke Gefühle der Verbundenheit, z. B. mit anderen Menschen oder der Natur oder dem großen Ganzen entstehen. Dies ist ein wirksames Mittel gegen die Angst, ausgeschlossen zu sein. Schließlich verbessert Yoga die Körperhaltung: Wer eine selbstbewusste Körperhaltung annimmt, fühlt sich automatisch mutiger.

Diese Übung verleiht Ihnen eine mutstärkende Körperhaltung. (Video 16, http://goo.gl/LGjDIK)

Übung 17

Mut tanken – Eine Haltung für kraftvolle Momente
Sie wollen Sich selbst aufmuntern? Dann richten Sie sich auf!
Stellen Sie sich mit hüftbreit gespreizten Beinen hin, die Knie sind leicht gebeugt. Kippen Sie Ihr Becken nach vorne. Richten Sie dann Ihre Wirbelsäule nach oben auf, als würde Ihr Kopf wie bei einer Marionette an einem Faden hängend nach oben gezogen.
Machen Sie ein ganz leichtes Doppelkinn, damit sich Ihre Halswirbelsäule strecken kann. Lassen Sie Ihre Schultern hängen und nehmen Sie sie etwas zurück, sodass sich Ihr Brustkorb öffnet.
Lassen Sie Ihre Arme locker hängen. Schließen Sie die Augen und nehmen Sie durch die Nase einige Atemzüge.
Öffnen Sie dann die Augen.

4.7 Kreativität: Führen und Handeln mit starkem Kreativvertrauen

» New ideas won't appear if you don't have the permission within yourself. (Marc Benioff)

4.7.1 Kreativität vom einzelnen Menschen her gedacht

Kreative Menschen besitzen die Fähigkeit, etwas Neues zu schaffen, sei es eine Problemlösung, eine Entdeckung, Erfindung oder ein neues Produkt. Kreative Energie ist eine der kostbarsten Ressourcen von Unternehmen.

Der Ökonom Richard Florida (2002) kommt aufgrund seiner Untersuchungen zu dem Schluss, dass nicht die technologische Entwicklung die fundamentale Quelle ökonomischen Wachstums ist, sondern die Kreativität. Die hohe Bedeutung von Kreativität wird von vielen Unternehmensführern erkannt. Es wird daher großer Wert auf Konzepte und Prozesse für ein funktionsfähiges Innovationsmanagement gelegt.

Der einzelne Mensch als Quelle der Kreativität wird oft nicht systematisch in den Blick genommen, aber darin liegt das größte Potenzial für mehr Innovation. Kreativität wird einzelnen Menschen oder Personengruppen und Rollen zugeschrieben. Die „Kreativen" sitzen in Forschung und Entwicklung und im Marketing, vielleicht noch im Vertrieb. Das im Gesamtsystem schlummernde kreative Potenzial wird wenig bis gar nicht nutzbar gemacht.

Wir sind von Natur aus kreativ

Bei kreativen Menschen sind keine geheimnisvollen Mächte am Werk. Biologen betrachten Kreativität vielmehr als grundlegende Eigenschaft aller Lebewesen. Was ist Leben anderes als ein kontinuierlicher und kreativer Anpassungsprozess des Individuums an seine Umgebung? Kreativität ist eine Fähigkeit, die jeder Mensch aufbauen und trainieren kann (Kelley und Kelley 2013).

4.7.2 Drei Wege zur Stärkung kreativer Energie – und wie Yoga dabei hilft

Viele bekannte Künstler und Kreative in aller Welt praktizieren Yoga. Es gibt zahlreiche Erfahrungsberichte der kreativen Klasse (creative class) über die inspirierende Kraft des „*Zur-Ruhe-Kommen des Geistes*" (Broad 2013, S. 289 ff.).

Besonders faszinierend sind die wissenschaftlichen Hinweise auf die Beziehung zwischen Yoga und Kreativität, die in den letzten 20 Jahren ans Licht kamen. Wenngleich die Befunde noch relativ bescheiden sind, weil Kreativität ein sehr komplexes, von der Wissenschaft noch nicht vollständig verstandenes Phänomen, ist. Offenbar fördert Yoga drei Faktoren, die besonders wichtig sind, um die kreative Energie bei Menschen zu stärken (Kelley und Kelley 2013, S. 106):

- Aufbau von Kreativvertrauen
- Nutzung des gesamten Gehirns
- Herstellen einer ruhigen mentalen Verfasstheit

Aufbau von Kreativvertrauen

Der erste und wichtigste Schritt zum Aufbau kreativer Fertigkeiten ist der **Glaube an sich selbst**, an die eigenen kreativen Ressourcen. Selbstsicherheit, die Zuversicht in die eigene Kreativität, bildet den Kern der Innovationsfähigkeit. Leider ist dieser schöpferische Grundoptimismus vielen Menschen im Laufe ihres Lebens abhandengekommen.

Verunsicherung schwächt Kreativität

„*Nichts ist unmöglich*", so der bekannte Werbespot eines japanischen Automobilherstellers. Haben Sie ausreichend Vertrauen in Ihre eigene Kreativität, um so zu denken? Die meisten von uns tun sich schwer mit dieser Einstellung. Sie können sich an ihre „Kreativitätswunden" erinnern. Dies sind Momente, in denen ihnen – oft schon im Kindesalter – gesagt wurde, sie hätten kein Talent zu musizieren, zu zeichnen oder zu singen. Als Erwachsene machen wir uns dann zu viele Gedanken, ob wir anderen gefallen, was diese von uns denken. Um zu vermeiden, dumm dazustehen, machen wir lieber gar nichts (Kelley und Kelley 2013, S. 76 f.). Sie kennen das vermutlich: Wer geht als erstes zum Flipchart, um seine Idee zu verbildlichen? Wer verunsichert ist, kann nicht sein Bestes geben.

David und Tom Kelley (2013), Gründer der berühmten Innovationsberatung IDEO, haben **Design Thinking** entwickelt. Dies ist eine Methode, die Menschen helfen soll, ihr kreatives Potenzial zu entfalten. Im Kern geht es darum, das Kreativvertrauen der Teilnehmer durch positive Erfahrungen zu stärken, damit sie sich selbst die Einnahme einer neuen, nicht limitierenden Einschätzung ihrer Gestaltungsmöglichkeiten erlauben. Im Verlauf des Design-Thinking-Prozesses überwinden die Menschen in kleinen Schritten die Ängste, die ihre Kreativität blockieren, vor allem die Angst vor Zurückweisung und Misserfolg. Sie bauen sukzessive Mut zur Kreativität auf. Firmen wie Apple, Google und SAP nehmen diese Trainings bereits seit vielen Jahren in Anspruch.

Mehr Kreativvertrauen

Yoga ist eine wirksame Mutwerkstatt. Als solche ist sie eine probate Technik zur Reduktion von Angst und dem Aufbau von Selbstvertrauen, was dem kreativen Ausdruck sehr zugute kommt.

Nutzung des gesamten Gehirns

Folgt man der neurowissenschaftlichen und psychologischen Sichtweise, dann kann Kreativität als ein mehrphasiger Prozess verstanden werden. Er reicht von der ersten Einsicht über die Datengewinnung (Saturation), das „Ausbrüten" (Inkubation) und den kreativen Durchbruch (Illumination) bis zur Überprüfung und Bestätigung (Verifikation).

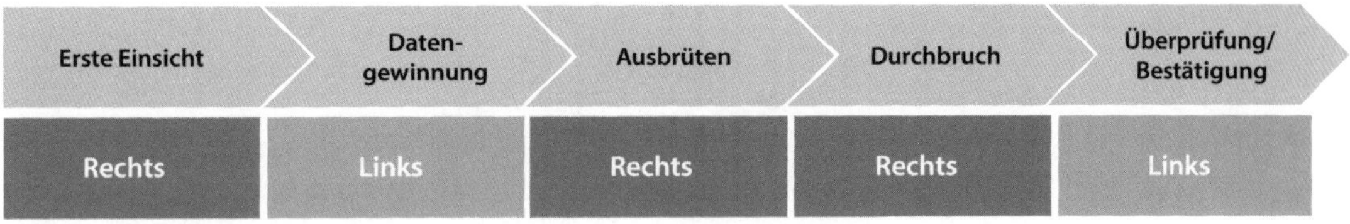

Abb. 4.9 Der Prozess der Kreativität

In diesen verschiedenen Phasen des kreativen Prozesses sind nicht nur intellektuelle und analytische Kompetenzen gefragt, in denen viele Führungskräfte gut trainiert sind und die bestimmten Arealen im Großhirn zugeordnet werden können. In die für die Kreativität kritischen Phasen der ersten Einsicht, Inkubation sowie Illumination ist vor allem der Assoziationskortex involviert. Dies sind zum Teil weit auseinander liegende Areale der Großhirnrinde, die Mustererkennung, integratives Denken, Rationalität und Intuition gewährleisten. Stark vereinfacht betrachtet, ist in den Phasen „erste Einsicht", „Inkubation" und „Illumination" eher die rechte Gehirnhälfte gefordert, während in den anderen Phasen stärker die linke, mehr für die Analytik zuständige Gehirnhälfte beansprucht wird (Abb. 4.9). Der Design-Thinking-Prozess basiert im Grunde auf diesen Erkenntnissen, sowohl die analytische als auch die intuitive Intelligenz werden angesprochen.

Aktivierung des gesamten Gehirns

Wie eine Fülle von wissenschaftlichen Untersuchungen zeigt, bewirken Yoga und Meditation eine Erhöhung der Aktivität im gesamten Gehirn und setzen dadurch kreative Potenziale frei (Broad 2013, S. 294 ff.). Mit yogischen Techniken können wir unsere Intuition professionalisieren. Sei es durch die verbesserte Wahrnehmung der eigenen Körpersignale, sei es durch das Herstellen eines Zustands entspannter Aufmerksamkeit.

Mit dieser Übung fördern Sie Ihre Kreativität, weil Sie Ihre linke und rechte Gehirnhälfte gleichermaßen aktivieren. Außerdem stärken Sie Ihren Kreislauf und tun etwas für Ihren Gleichgewichtssinn. (Video 17, http://goo.gl/EV8kzy)

Übung 18

Kreativität anregen – Aktivieren Sie Ihre Synapsen

Stellen Sie sich mit hüftbreit gespreizten Beinen hin. Spüren Sie die Verbindung Ihrer Fußsohlen mit dem Boden. Die Knie sind nicht ganz durchgedrückt. Kippen Sie nun Ihre Becken leicht nach vorne, damit Sie aufrecht stehen. Am besten atmen Sie durch die Nase.

Heben Sie mit dem Einatmen das linke Bein und legen Sie die rechte Hand darauf ab. Führen Sie das Bein zur Hand, nicht umgekehrt. Mit

dem Ausatmen bringen Sie das linke Bein wieder zurück. Achten Sie darauf, dass der Arm Ihre Körpermitte überkreuzt.
Dann machen Sie die gleiche Übung mit dem anderen Bein. Mit dem Einatmen heben Sie das rechte Bein und legen Sie die linke Hand darauf ab. Mit dem Ausatmen stellen Sie das rechte Bein wieder auf und lassen den Arm hängen.
Führen Sie die Bewegung abwechselnd für 2 Minuten durch. Achten Sie dabei auf das Überkreuzen vor der Körpermitte. Machen Sie die Bewegung zügig und atmen Sie dabei kräftig.
Beenden Sie dann die Bewegung und lassen Sie den Atem zur Ruhe kommen.

Herstellen einer ruhigen mentalen Verfasstheit

Für die Kreativitätsspezialisten David und Tom Kelley (2013, S. 106) ist die Herstellung innerer Ruhe ein zentraler Schritt, um den kreativen Funken zu entfachen, und sie empfehlen, wir sollten uns in *„entspannte Aufmerksamkeit"*, ähnlich dem Tagträumen, versetzen: *„Das Problem oder die Aufgabe sind in Ihrem Hirn präsent, kochen aber nicht auf höchster Flamme."* Die Hirnforschung stützt diese Empfehlung. Sie konnte nachweisen, dass die Aktivität des Assoziationskortex im ruhigen ungerichteten Denken am aktivsten ist.

Die Bereitschaft, das Kreative geschehen zu lassen, bezeichnet der Psychotherapeut Rainer Matthias Holm-Hadulla (2010) als **gelassene Achtsamkeit**. Dies ist nichts anderes als offene Aufmerksamkeit. Für produktive Menschen sei Achtsamkeit auf das bei der alltäglichen Arbeit Entstehende wichtiger als das Erlernen instrumenteller Kreativitätstechniken (Holm-Hadulla 2010, S. 58).

Entspannte Achtsamkeit

Mittels Yogapraxis kann die kreativitätsfördernde entspannte Achtsamkeit auf mehreren Wegen hergestellt werden. Sie ist eine Tiefendimension des Bewusstseins, die mit Meditation erreicht werden kann. Übung 13, das Zirkeltraining für die Aufmerksamkeit, ist hierfür ein Beispiel (► Abschn. 4.4.2). Auch während der Phase der tiefen Entspannung in einer Yogastunde („Shavasana") wird diese mentale Verfassung angestrebt.

Generell wirkt die Yogapraxis, die achtsame Körper- und Atemübungen sowie (Achtsamkeits-)Meditation umfasst, biochemisch so beruhigend wie Alkohol – nur mit weniger unerwünschten Nebenwirkungen (Broad 2013, S. 293).

Die Nutzung yogischer Techniken ist bislang nicht Bestandteil des Design-Thinking-Prozesses. Angesichts der positiven Wirkung auf die Stärkung von Kreativität ist dies eine bedenkenswerte Option.

4.8 Willenskraft: Mit Selbstdisziplin die Dinge bewegen

» Der Unterschied zwischen erfolgreichen Menschen und all den anderen ist nicht der Mangel an Stärke, Talent oder Wissen. Es ist der fehlende Wille. (Vince Lombardi, US-Football-Trainerlegende)

4.8.1 Nur wer dranbleibt, führt erfolgreich

Zählen Sie Selbstdisziplin zu Ihren persönlichen Stärken? Falls nicht, mag es Sie trösten, dass Sie nicht alleine sind. Fehlende Selbstdisziplin betrachten sehr viele Menschen als ihre Schwäche. Um anspruchsvolle Ziele zu erreichen, um als Führungskraft weiterzukommen, zumal ganz nach oben, ist jedoch ein hohes Maß an **Willenskraft** unverzichtbar. Willenskraft ist die innere Stärke, die uns in die Lage versetzt, unser Verhalten zu steuern, um Widerständen entgegenzutreten und Ablenkungen zu widerstehen, bis die Aufgabe erledigt ist. Götz W. Werner bezeichnet es als sein Lebensmotto: „*Beharrlich im Bemühen, bescheiden in der Erfolgserwartung*" zu sein (*Handelsblatt* 2014, S. 1).

Erfolgsfaktor Willenskraft

Wie eine aktuelle psychologische Studie zeigt, ist Willenskraft genauso wichtig für finanziellen Erfolg und Gesundheit wie der IQ, die soziale Herkunft und der Wohlstand der Herkunftsfamilie. Auf der Willenskraft beruhen (Selbst-)Disziplin und Durchhaltevermögen (Baumeister und Tierney 2012). An einem Vorhaben festzuhalten, ist in der heutigen Zeit, mit ihren vielen Optionen, Ablenkungen und Unsicherheiten, eine echte Herausforderung – nicht nur für Führungskräfte.

Wie wir in ► Kap. 2 gesehen haben, ist das Fördern von **Eigenverantwortung** eine zentrale Anforderung an gute, das Engagement fördernde Führung. Mit zunehmender Selbstbestimmung steigt indes auch die Anforderung an die Selbstdisziplin. Entgrenzte, stark flexibilisierte Arbeitsverhältnisse durch Telearbeit, mobiles Arbeiten etc. stellen uns vor große Herausforderungen, wenn es beispielsweise darum geht, bei uns selbst zu bleiben, dem eigenen Rhythmus und der eigenen Energie zu folgen.

Die Willenskraft trainieren

Besonders viel Willenskraft oder Steuerungsenergie benötigen wir für das Initiieren von neuem Verhalten. Haben wir bei einem Verhalten erst einmal eine Routine entwickelt, z. B. beim Zähneputzen, dann ist nur noch wenig Willenskraft nötig, um diszipliniert zu sein. Die Willenskraft ist, so der aktuelle Stand der Forschung, teilweise erblich. Trotzdem können wir sie schulen. Der Psychologe Roy Baumeister gibt dafür eine Reihe praktischer Hinweise: Er empfiehlt die Formulierung einer klaren Zielsetzung, regelmäßige Ergebniskontrolle sowie soziale Unterstützung.

Die Kraft des Rituals

Um neue Verhaltensweisen zu erlernen und durchzuhalten, ist Willenskraft erforderlich. Rituale sind hierbei sehr hilfreich, weil sie unseren Willen entlasten. Wir nutzen die Macht der Gewohnheit für unsere Ziele.

Ein Ritual ist eine hochspezifische Verhaltensweise. Es wird genau festgelegt, was, wo, wann, wie lange und wie häufig gemacht wird. Angenommen, Sie entschließen, sich die unten stehende Übung zur Stärkung Ihrer Willenskraft durchzuführen. Sie treffen eine Abmachung mit sich selbst, eine besonders wirkungsvolle Art der Zielformulierung. Das Was ist also geklärt. Jetzt gilt es festzulegen,

- an welchem Ort,
- zu welcher Uhrzeit,
- wie viele Minuten,
- über welchen Zeitraum

Sie die Übung machen werden.

Im Yoga wird empfohlen, eine Übung 40 Tage lang täglich durchzuführen, damit die neue Erfahrung mental und körperlich integriert wird. Nach dieser Zeit wird das neue Verhalten zum Automatismus, und Sie benötigen nicht länger den Willen und nur wenig Disziplin und Energie, um dieses abzurufen.

Die Willenskraft, die Sie in einem Bereich trainiert haben, steht Ihnen auch in anderen Bereichen zur Verfügung.

Machen Sie es sich nicht unnötig schwer. Denken Sie sich kleine Selbstbelohnungen aus, wenn Sie bestimmte Etappenziele erreicht haben. Vielleicht weihen Sie auch Personen, die Ihnen nahestehen, in Ihr Ziel ein, um soziale Unterstützung und Kontrolle zu gewährleisten.

Übrigens: Je herausfordernder ein Ritual ist – emotional, mental, physisch –, desto präziser muss seine Umsetzung sein.

Bleiben Sie dran!

4.8.2 Willenskraft und körperliche Energie

Zwei Grundprinzipien muss der erfolgreiche Aufbau von Willenskraft indes immer Rechnung tragen, so Roy Baumeister und John Tierney (2012, S. 109 ff.):

Unsere Willenskraft ermüdet

1. Zum einen benutzen wir dieselbe Willenskraft für alle möglichen Aufgaben. Alleine 20 % jedes Tages (ca. 3–4 Stunden) verbringen wir damit, Versuchungen zu widerstehen. Wir gebrauchen den Willen, um Entscheidungen zu treffen, aber auch um unsere Gedanken, Gefühle und Handlungen zu kontrollieren. Die Willenskraft ist begrenzt, sie wird deshalb bei Benutzung geschwächt

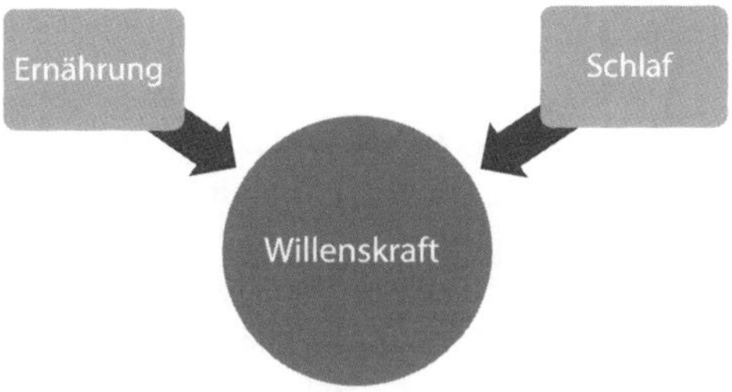

Abb. 4.10 Willenskraft und körperliche Energie

und kann ermüden. Wenn wir unsere Willenskraft ausgeschöpft haben, indem wir etwa viele Entscheidungen getroffen haben, dann schwindet unsere Fähigkeit zur Kontrolle unserer Handlungen. Wir werden entscheidungsmüde.

2. Es gibt einen engen Zusammenhang zwischen Willenskraft und körperlicher Energie. Besonders mit unserer Ernährung und unserem Schlafverhalten beeinflussen wir ganz direkt unsere Willenskraft. Der Wille ist umso ausgeprägter, je stabiler die Versorgung mit Kohlenhydraten ist. Ohne Glukose wird der Wille geschwächt – umgekehrt kann Glukose das Gehirn beleben. Geraten wird zu einem stabilen, stetigen Niveau des Blutzuckerspiegels, das z. B. durch Vollkornprodukte, Früchte und Gemüse gewährleistet werden kann.
   Die Forscher entdeckten außerdem die starke positive Wirkung von Schlaf auf die Willensstärke. Baumeister und Tierney (2012, S. 289) fassen die Ergebnisse dieser ganzheitlichen Betrachtung wie folgt zusammen: *„Ihre Disziplin ist am effektivsten, wenn Sie sich um Ihre körperlichen Bedürfnisse kümmern, sich gesund ernähren und ausreichend schlafen.“* Nur ein ausgeruhter Wille sei ein starker Wille (Abb. 4.10).

Ein starker Wille braucht gesunde Ernährung und Schlaf

Führungskräfte müssen ständig Entscheidungen treffen. Bei jeder Entscheidung ist unsere Willenskraft gefordert, denn dann müssen wir Optionen aufgeben. Dazu sind wir umso weniger bereit, je ausgelaugter unser Wille ist. Wie stark die Ernährung unsere Willenskraft und Entscheidungsfreude beeinflusst, zeigt eine aktuelle wissenschaftliche Studie.

Das Richterdilemma – wie die Ernährung die Entscheidungskraft beeinflusst

Ein Team amerikanischer und israelischer Psychologen untersuchte mehr als 1.000 Urteile, die israelische Bewährungsrichter über einen Zeitraum von 10 Monaten gefällt hatten. Die Richter mussten, in Absprache mit Psychologen und Sozialarbeitern, entscheiden, einen Häftling vorzeitig auf Bewährung zu entlassen oder nicht. Ein Freispruch ist gut für Verurteilte und deren Familien und entlastet die Staatskasse. Für den Richter ist dies jedoch die riskantere Option.

4

Ein Häftling kann nach seiner vorzeitigen Entlassung ein weiteres Mal straffällig werden. Besonders bei schweren Verbrechen kann dies den Ruf des Richters langfristig schädigen.

Die Richter gewährten im Durchschnitt nur jedem dritten Häftling eine vorzeitige Entlassung. Doch hier entdeckten die Psychologen ein interessantes Muster. In den Verhandlungen am frühen Vormittag (8:50 Uhr) wurden 70 % der Häftlinge begnadigt, am späten Nachmittag (16:30 Uhr) nur 10 %. Wer als letzter vor der Pause um 10:30 Uhr vor dem Richter erschien, hatte nur eine 15 %ige Chance, frei zukommen. Bei einer Verhandlung nach der Pause, in der die Richter belegte Brote oder Obst zu sich nahmen, stieg die Chance auf vorzeitige Haftentlassung auf 70 %. Unmittelbar vor dem Mittagessen betrug die Chance auf Freilassung 10 %. Häftlinge, die unmittelbar danach an der Reihe waren, hatten eine 60 %ige Chance auf Freilassung.

Wenn die Willenskraft erlahmt ist, wählten die Richter die einfachste und sicherste Option: Der Häftling blieb hinter Gittern.

4.8.3 Wie Yoga die Willenskraft fördert

Es gibt fünf gute Gründe, weshalb Yoga zur Stärkung der Willenskraft dienlich ist.

Achtsamkeit für unser Befinden

1. Stärkung der Achtsamkeit für unser **mentales und körperliches Befinden**. Es ist wichtig, den Status der Willenskraft wahrzunehmen, um sie gut steuern zu können. Oft fehlt uns z. B. das Gespür, wie ermüdend Entscheiden ist. Aber nur wenn wir dies erkennen, können wir gegensteuern, z. B. mit adäquater Ernährung oder Pausen. Je feinfühliger wir die Signale unseres Körpers wahrnehmen, desto leichter fällt uns die körperliche Regeneration, die nötig ist, um mit Willenskraft, Energie und Rhythmus zu führen und zu arbeiten. Die körperlichen Übungen versorgen im Übrigen das Gehirn besser mit Glukose, dem physiologischen Brennstoff der Willenskraft.

Willenskraft und Konzentration

2. Die **Übung der Konzentration** ist eine große Hilfe zur Stärkung des Willens. Willenskraft und Fokussierung sind eng miteinander verwoben. Wie gut wir die strategische Allokation der Aufmerksamkeit beherrschen, ist eine Frage der Willenskraft (Goleman 2014, S. 79). Hirnwissenschaftler entdeckten, dass die Meditation zwei Hirnregionen aktiviert, die bei der Selbstregulation und Kontrolle der Aufmerksamkeit eine entscheidende Rolle spielen. Daher schlagen Psychologen Meditation (und Gebet) als Training zur Selbstdisziplin vor (Baumeister und Tierney 2012, S. 209).

3. Menschen, die Yoga praktizieren, sind ständig mit **Änderungen** ihrer gewohnheitsmäßigen Verhaltensweisen konfrontiert. Genau dies ist, so Baumeister und Tierney (2012), das beste Willenstraining.
4. Mithilfe der „Asanas" (Körperübungen) können Handlungsmuster erfahren und erlernt werden, die eine entspannte und **aufrechte Haltung** ermöglichen. Wie Psychologen und Hirnforscher herausfanden, beschäftigen sich Menschen mit einer solchen Haltung länger mit anspruchsvollen und herausfordernden Aufgaben. Sie lassen sich nicht so schnell aus dem Konzept bringen oder gar entmutigen.
5. Führungskräfte, besonders wenn Sie an die Spitze gelangen, müssen immer wieder emotionalen, manchmal auch körperlichen **Schmerz** aushalten, so Janina Kugel, Personalchefin bei Siemens (TEDxBerlinSalon 2015). Mit Yoga kann der Umgang mit Schmerz systematisch trainiert werden. Das Spürbewusstsein wird geschärft dafür, wann und wo Schmerz entsteht und bis wohin er akzeptiert werden kann, ohne zu schaden. Die Yogapraxis ermöglicht vor allem, die Unterscheidung zwischen Schmerz und Leiden zu erlernen.

Schmerz aushalten

Eine kleine Übung, um Ihre Willenskraft zu fördern. (Video 18, http://goo.gl/XWbxAl)

Übung 19

Willenskraft fördern – Geben Sie Ihrer Ausdauer eine Chance
Rücken Sie ein wenig auf Ihrem Stuhl nach vorne, sodass Sie mit geradem Rücken sitzen. Die Beine befinden sich hüftbreit auseinander, und in Ihren Fußsohlen spüren Sie einen guten Kontakt zum Boden. Lassen Sie Ihre Schultern entspannt hängen und nehmen Sie sie ein wenig nach hinten, damit sich Ihr Brustkorb öffnen kann. Die Hände ruhen auf den Knien. Wenn Sie können, schließen Sie jetzt Ihre Augen und atmen Sie durch die Nase. Sitzen Sie in dieser Haltung für einige Atemzüge.
Heben Sie jetzt Ihre Arme gestreckt zur Seite, bis sie auf Höhe der Schultern sind. Die Handflächen zeigen nach oben. Atmen Sie in dieser Haltung 2 Minuten tief ein und aus.
Wenn Ihnen die Haltung unangenehm wird, hören Sie nicht auf, sondern nehmen Sie konzentriert Ihren Atem wahr. Versuchen Sie zu spüren, wie sich Ihr Brustkorb mit dem Ein- und Ausatmen hebt und senkt. Nehmen Sie hin und wieder wahr, ob Ihre Schultern in dieser Haltung entspannt sind.
Zum Abschluss der Übung atmen Sie tief ein. Mit dem Ausatmen lassen Sie die Arme sinken und legen die Handflächen auf Ihre Knie.

4

Nehmen Sie noch einige entspannte Atemzüge und öffnen Sie dann die Augen.
Wenn Sie wollen, können Sie die Zeit, in der Sie die Arme heben, schrittweise bis auf 11 Minuten ausdehnen.

Der Umgang mit Körperhaltungen ist ein Indiz dafür, wie wir generell mit Schwierigkeiten umgehen. Wie fühlen Sie sich, wenn Ihnen in der obigen Übung die Arme schwer werden? Fangen Sie an zu lamentieren oder können Sie einigermaßen neutral bleiben, die Situation vielleicht sogar positiv sehen? *„Ihr tut alles, um Schmerz zu vermeiden. Aber der Schmerz kommt so oder so. Es geht darum, mit dem Schmerz umzugehen"*, so die sinngemäße Wiedergabe der Worte von Yogi Bhajan.

Yoga kann also Führungskräfte bei der Entwicklung wichtiger Kompetenzen der Selbstführung unterstützen – mit Selbstwahrnehmung als Schlüsselkompetenz. Effektive Selbstführung ist die Voraussetzung, um gelingende Führungsbeziehungen aufzubauen und aufrechtzuerhalten.

Gute Führung beruht letztlich auf der Beziehung aller Beteiligten. Führungsstärke ist keine Eigenschaft einer Person, sondern beschreibt die Qualität einer Beziehung (Eidenschink 2013). **Gelingende Führungsbeziehungen** erreichen und bewegen andere, wie folgende Ausführungen zeigen.

4.9 Empathie: Erkennen, was für andere von Bedeutung ist

» If we have optimism, but we don't have empathy – then it doesn't matter how much we master the secrets of science, we're not really solving problems; we're just working on puzzles. (Bill and Melinda Gates)

4.9.1 Führung im Zeitalter der Empathie

Eine Organisation hat ein Gedächtnis

Die Situation war schwierig. Jahrelang hatte das Unternehmen Verluste eingefahren und stand nun vor der Insolvenz. Es musste gehandelt werden. Fast 200 Entlassungen würden unvermeidlich sein, um das mittelständische Unternehmen zu retten. Das hatten gründliche Analysen unseres Beraterteams ergeben. Wir waren engagiert worden, um den Kunden dabei zu unterstützen, Wege aus der Krise zu finden. Der neue CEO war nicht zu beneiden. Beeindruckend indes, wie er sich seiner Aufgabe stellte: Entgegen anderer Stimmen in der Geschäftsführung sorgte er dafür, dass die „Salamitaktik", das scheibchenweise

Herausrücken mit der Wahrheit, keine Chance hatte. Stattdessen wurden die harten Konsequenzen früh mit dem Betriebsrat und danach mit den Mitarbeitenden besprochen. Bei der Suche nach Lösungen war ich immer wieder fasziniert, wie gut sich der CEO in die Lage der von der Entlassung Betroffenen hineinzuversetzen vermochte. In jedem Gespräch wurde echtes Verständnis für die Situation des Einzelnen deutlich, und stets war die Absicht erkennbar, dieser Situation bei der Suche nach Lösungen Rechnung zu tragen. *„Eine Organisation hat ein Gedächtnis"*, so die Erfahrung des CEO (pers. Mitteilung). Wie die Entlassungen abliefen, sei nicht nur für jene von Bedeutung, die gehen müssten, sondern auch für all jene, die blieben. Nicht in jedem Fall wurde eine zufriedenstellende Lösung gefunden. Aber die Menschen erkannten an, dass alles versucht worden war, ihren Bedürfnissen gerecht zu werden. Letztlich fand selbst der Betriebsrat lobende Worte für die Art und Weise, wie die Restrukturierung abgelaufen war. Die Qualität einer Beziehung wird vom Ende her definiert.

Kopf und Herz ansprechen

Empathie ist die Fähigkeit, die Emotionen, Bedürfnisse und Zweifel von anderen (z. B. Mitarbeitenden, Kunden, Kooperationspartnern) wahrzunehmen. Empathisch zu sein, bedeutet, unsere vorgefasste Meinung infrage zu stellen und unsere Vorstellung dessen, was richtig und was falsch ist, außen vor zu lassen. Für Rita Gunther McGrath (2014), Harvard-Professorin für Strategie und Innovation, geht es bei empathischer Führung darum, den Menschen ganzheitlich zu betrachten, Kopf und Herz gleichermaßen anzusprechen sowie dem menschlichen Bedürfnis nach Sinn Rechnung zu tragen. Unternehmen wie dm, Whole Foods oder Zappos kommen diesem Verständnis von Empathie in der Führung sicher sehr nah. Empathie gilt als Kernkompetenz für die Gestaltung von Beziehungen. Bill McDermott, CEO von SAP, hat der Empathie ein ganzes Kapitel seines Buches gewidmet. Seine steile Karriere im Verkauf, die ihn bis an die Spitze des deutschen Softwareunternehmens führte, verdankt McDermott (2014) nach eigener Einschätzung seiner Fähigkeit, sich in die Kunden hineinzuversetzen.

In einer Zeit, in der Unternehmen immer weniger als Maschinen betrachtet werden, gewinnen empathische Fähigkeiten in der Führung enorm an Bedeutung. Dies zeigt etwa die Aussage von Wolfram Freudenberg, der erklärt, warum Mohsen Sohi 2010 als neuer CEO des weltweit operierenden Familienunternehmens ausgewählt wurde (Lamparter 2014, S. 3): *„Die Mischung aus Intelligenz und Empathie macht Sohi einmalig."*

Moment der Präsenz und Konzentration

Auf der praktischen Ebene der Beziehung ist Empathie die wohltuende Brücke zwischen uns und einer anderen Person. Wir verlangsamen für einen Augenblick das Alltagsgeschehen, um den Blickwinkel zu wechseln, „in die Schuhe unseres Gegenübers zu steigen" und Verständnis zu zeigen. Empathie braucht meist nicht viel Zeit, sondern nur einen Moment unserer Präsenz, unserer Konzentration. Es kann z. B. ausreichen, zu sagen: „Ja, wir haben jetzt gerade sehr stressige Zeiten!" Verständnis zu zeigen, bedeutet, beim Erleben des Gegenübers zu bleiben und dieses ernst zu nehmen, unabhängig davon, wie unwichtig uns selbst die Belastung vorkommt. Für kurze Zeit stellen wir uns selbst in den Hintergrund und sind mit unserer Wahrnehmung ganz bei unserem Gesprächspartner. Wenn wir empathisch sind, finden wir die richtige Mischung zwischen Zuwendung und Abgrenzung. Zu viel Zuwendung ist distanzlos und unangenehm. Wenn wir uns hingegen zu sehr abgrenzen, koppeln wir uns von der Beziehung ab und sind desinteressiert.

Kognitive und intuitive Empathie

Meist werden zwei Arten von Empathie unterschieden, die kognitive und die intuitive Empathie. Dabei handelt es sich um zwei gänzlich verschiedene Wege, mit anderen umzugehen. Es werden unterschiedliche, sich nicht überlappende Gehirnnetzwerke aktiviert (Singer und Klimecki 2014):

- Bei der **kognitiven Empathie** nehmen wir emotionale Signale unseres Gegenübers wahr. Wir nehmen die Perspektive von anderen ein und verstehen auf diese Weise ihre Befindlichkeit, Standpunkte und Werte. Gleichzeitig managen wir unsere eigenen Emotionen. In die kognitive Empathie ist vor allem unser Großhirn involviert. Bei zahlenorientierten Topmanagern, die meinen, nur wenig intuitive Empathie aufbringen zu können, ist kognitive Empathie die Lösung (Leder 2012).
- Die eher automatische und spontane **intuitive Empathie** lässt uns mit der anderen Person fühlen. Um die Emotionen des anderen in uns zu fühlen, ohne dass wir uns mit dieser Person verwechseln, nutzt unser Gehirn dieselben Regionen wie zur Wahrnehmung der eigenen Emotionen.

Im Yoga gilt diese Übung als Herzöffner, der die Empathie fördert. Die Übung flexibilisiert zusätzlich Ihre Wirbelsäule und stärkt Ihre Schultermuskulatur. (Video 19, http://goo.gl/NOxXEh)

Übung 20

Empathie fördern – Bleiben Sie offen, für sich und andere
Stellen Sie sich mit hüftbreit gespreizten Beinen hin und gehen Sie leicht in die Knie. Kippen Sie das Becken nach vorne und richten Sie sich dann – Wirbel für Wirbel – nach oben auf, als würde Ihr Kopf wie eine Marionette an einem Faden hängend nach oben gezogen. Lassen Sie die Schultern entspannt hängen. Die Übung wird am besten mit geschlossenen Augen durchgeführt, und Sie atmen durch die Nase.
Legen Sie nun beide Hände auf Ihre Rippenbögen. Mit dem Einatmen schwingen Sie den linken Arm nach hinten und drehen den Kopf nach links, als würden Sie dem Arm nachschauen. Legen Sie Ihre Hand wieder in die Ausgangsposition. Mit dem Ausatmen schwingen

Sie den rechten Arm nach hinten und schauen nach rechts. Kommen Sie dann wieder zurück in die Ausgangsposition.
Führen Sie diese Bewegung 10 Mal nacheinander durch, 5 Mal zu jeder Seite.
Bringen Sie dann beide Hände wieder in die Ausgangsposition.
Atmen Sie tief ein und aus. Lassen Sie die Arme für ein paar weitere Atemzüge locker hängen.
Um die Übung zu beenden, atmen Sie noch einmal ein und öffnen die Augen.

4.9.2 Die hohe Kunst der Empathie: Mitfühlen statt Mitleiden

Mitleid kann in Ablehnung münden

Die intuitive oder emotionale Empathie hat ihre Schattenseite. Während ein Zuviel an Sich-hinein-Denken eher nicht vorstellbar ist, kann das Einfühlen in andere, besonders das **Mitleiden**, negativen empathischen Stress verursachen. Es kommt zu einer stark ablehnenden Reaktion auf das Leiden anderer, verbunden mit dem Wunsch, sich der Situation zu entziehen. Dies ist ein Schutz vor übermäßigen negativen Gefühlen, z. B. Traurigkeit (Singer und Klimecki 2014). Einfühlsame Gespräche im Rahmen einer Restrukturierung sind typische Situationen, in denen Führungskräfte Gefahr laufen, aus Empathie in Ablehnung zu verfallen.

Mitgefühl wird positiv empfunden

Um mit Empathie in Situationen, in denen andere leiden, möglichst stressfrei umzugehen, sollten Führungskräfte sich etwas zurücknehmen, auch Empathie für sich selbst haben. Besonders hilfreich für die Vermeidung von negativem Stress ist die Umwandlung von Empathie in **Mitgefühl**. Zwischen Empathie und Mitgefühl gibt es einen wichtigen Unterschied. Bei der Empathie fühlen wir *für* andere, beim Mitgefühl *mit* anderen. Statt Disstress und selbstbezogenen Emotionen erleben wir positive Gefühle wie Liebe und Emotionen, die auf andere gerichtet sind.

4.9.3 Yoga zur Förderung von Empathie und Mitgefühl

Ein probates Mittel, um empathisches Mitleiden in Mitgefühl zu wandeln, ist die Meditation. Im Rahmen des Projektes „ReSource" der Hirnforscherin Tania Singer, das die Verbesserung der mentalen Gesundheit und sozialer Kompetenzen zum Ziel hat, wird diese Technik der Gefühlssteuerung erfolgreich genutzt (online unter: http://www.resource-project.org/home.html). Es werden spezifische Meditationen angeboten, um das Mitgefühl gezielt zu stärken.

Wenn Sie spüren, dass Sie sich am liebsten einer Situation, in der Sie zu stark mitleiden, entziehen möchten, probieren Sie die nachfolgende Meditation aus. Die Meditation dauert nicht länger als 5 Minuten. Die Meditation hilft Ihnen umso mehr, je öfter Sie sie üben. (Video 20, http://goo.gl/z1lnPy)

Übung 21

Empathie stärken – Mitfühlen statt Mitleiden

Kommen Sie in die aufrechte Sitzposition, sitzen Sie entspannt und gleichzeitig aufmerksam. Konzentrieren Sie sich zunächst für einige Atemzüge auf Ihren Atem. Vielleicht achten Sie auf den Brustkorb, wie er sich mit dem Ein- und Ausatmen hebt und senkt. Am besten atmen Sie während der Meditation durch die Nase ein und aus und halten Ihre Augen geschlossen.

Führen Sie dann die Meditation in drei Schritten durch:

1. Stimmen Sie sich auf ein positives Gefühl ein. Denken Sie an etwas, was Sie gut an sich finden, oder erinnern Sie sich an eine gute Tat. Falls Ihnen nichts einfallen sollte, dann denken Sie einfach daran, dass Sie gerne glücklich sein möchten. Richten Sie dann ein Gefühl liebvoller Güte auf sich selbst und wiederholen Sie innerlich: „Möge ich glücklich und zufrieden sein."
   Sobald sich tatsächlich ein positives, wohlwollendes, liebevolles Gefühl Ihnen selbst gegenüber eingestellt hat, gehen Sie zum nächsten Schritt über.
2. Richten Sie nun das Gefühl liebevoller Güte, das Sie sich selbst gegenüber aufgebaut haben, auf andere Menschen, die Sie mögen und die Ihnen sehr wichtig sind. Nennen Sie diese Personen innerlich beim Namen und stellen Sie sich bildlich vor. Wiederholen Sie in Gedanken: „Mögen diese Menschen glücklich und zufrieden sein."
3. Erweitern Sie dann den Kreis auf weitere Freunde, auf neutrale Personen und schließlich auf alle Menschen und Lebewesen: „Mögen alle Lebewesen glücklich und zufrieden sein."

Bleiben Sie noch für einige Atemzüge sitzen. Öffnen Sie dann Ihre Augen.

Empathie basiert auf einigen der Kompetenzen, die wir bereits kennengelernt haben, vor allem auf Selbstwahrnehmung, Konzentration und Gelassenheit. Die yogische Achtsamkeitsschulung, das heißt das aufmerksame, bewertungsfreie Wahrnehmen auf körperlicher, emotionaler und mentaler Ebene, dient beiden Arten von Empathie:

- Bei der **kognitiven Empathie** benötigen wir eine hohe *Beobachtungsfähigkeit* und *Konzentration*, um die Befindlichkeit und Perspektive des Anderen bewusst nachvollziehen. Geschulte Führungskräfte können aus Mimik und Körpersprache auf die innere Verfasstheit Ihres Gegenübers schließen.

- **Intuitive oder emotionale Empathie** verlangt vor allem ein ausgeprägtes *Einfühlungsvermögen*. Je besser Sie in Selbstwahrnehmung geübt sind, desto eher sind Sie in der Lage, sich in den anderen einzufühlen, weil Sie in beiden Fällen dieselben Gehirnregionen aktivieren. Die Feinfühligkeit für andere funktioniert übrigens auch über die Distanz. Unsere Stimme erklärt unseren emotionalen Zustand (Stresslevel) zu mindestens 80 % (Ludowig 2014). Wir können also hören, wie sich der andere fühlt.

Besonders gut können Sie beim anderen sein, sei es kognitiv oder intuitiv, wenn Sie die Fertigkeit erworben haben, konzentriert und gelassen zu bleiben. Empathie kann nicht nur Stress verursachen, Stress vermindert auch unsere Fähigkeit zur Empathie (Goleman 2014, S 78 f.). Wenn wir zu stark mit uns selbst beschäftigt sind, können wir nicht die Konzentration auf andere richten.

4.10 Vertrauen: Glaubwürdigkeit und Stimmigkeit gewährleisten

» Wir müssen das, was wir denken, auch sagen. Wir müssen das, was wir sagen, auch tun. Und wir müssen das, was wir tun, dann auch sein. (Alfred Herrhausen)

4.10.1 Komplexität verlangt Führung durch Vertrauen

Komplexität und Schnelligkeit

Bei Kunden, Geschäftspartnern, Investoren und Mitarbeitenden Vertrauen aufzubauen, auszuweiten oder wiederherzustellen, ist eine zentrale, vielleicht sogar die entscheidende Führungskompetenz in unserer komplexen und auf Schnelligkeit ausgerichteten Wirtschaftswelt. **Vertrauen** ist zweckrational, weil es die Kosten senkt und ein wirksames Mittel ist, um Komplexität zu reduzieren. Vertrauen ist zudem der Nährboden für gelingende Beziehungen. Wenn das Bonmot von Peter Drucker *„Culture eats strategy for breakfast"* eine Berechtigung hat, dann ganz sicher im Zusammenhang mit einer kraftvollen Vertrauenskultur.

Führung durch Vertrauen

Was fehlendes Vertrauen ökonomisch bewirken kann, wird sehr deutlich, wenn wir uns die Entwicklung auf den Flughäfen nach 9/11 vor Augen halten. Aufwendige Sicherheitsmaßnahmen und lange Schlangen an den Sicherheitschecks verschlingen enorm viel Zeit und Geld. Ausgeprägtes Vertrauen bringt dagegen Schnelligkeit und geringere Kosten. Unternehmen, die Vertrauenskonten eingeführt haben, senden nicht nur ein starkes Signal der Wertschätzung an ihre Mitarbeitenden, das sich positiv auf die Loyalität auswirken dürfte; sie sparen in der Administration erhebliche Zeit und Kosten. Auch der kreative Prozess benötigt ein Klima der Offenheit und des Vertrauens. Und nicht zuletzt erfordern gelingende Veränderungen, das richtige Maß an Freiheit und kreativer Verunsicherung einerseits und verlässlichen Bindungen andererseits zu finden (Holm-Hadulla 2010, S. 57). Führung durch Vertrauen wirkt also stark positiv in die Unternehmen hinein. Aus der Marktperspektive betrachtet ist das Vertrauen ihrer Kunden *„[...] die härteste Währung für Unternehmen"*, sagt Peter Maas, Management-Professor an der Universität St. Gallen (Tödtmann 2014, S. 2).

Wenn hier von Vertrauen die Rede ist, meint dies nicht das blinde, auf Leichtgläubigkeit, Naivität und manchmal auch Faulheit beruhende Vertrauen. Es geht um das kluge Vertrauen, in dem das Herz – die Bereitschaft, anderen zu vertrauen – mit dem Kopf – der Analyse der möglichen Risiken – verbunden wird (Covey 2009, S. 297 ff.).

Der Anspruch, eine **Vertrauenskultur** zu entwickeln, fehlt kaum einmal in Visionen, Leitbildern oder Führungsgrundsätzen. In der Realität tun sich jedoch erstaunlich viele Unternehmen und Institutionen schwer mit dem Aufbau von Vertrauenskompetenz. Es herrscht alles andere als ein vertrauensvolles Klima. Revier- und Silodenken, Eigeninteressen und Machtspiele dominieren den Führungs- und Arbeitsalltag. Oft herrscht ein regelrechtes Klima des Misstrauens, manchmal sogar der Angst.

4.10.2 Grundlagen vertrauensbasierter Führung

Charakter und Kompetenz

Laut Stephen M. R. Covey (2009, S. 59 ff.) stufen wir eine Person nur dann als vertrauenswürdig ein, wenn wir an ihren Charakter und ihre Kompetenz glauben. Wenn wir einer Führungskraft vertrauen, dann glauben wir an ihren **Charakter**, das heißt an ihre Integrität und guten Absichten, und an ihre **Kompetenz**, also an ihre Fähigkeiten und Ergebnisse. Integres Verhalten legt eine Führungskraft an den Tag, die im Einklang mit den eigenen Werten und Überzeugungen handelt, die das tut, was sie sagt, und offen Feedback gibt. Mit guten Absichten führen heißt zum einen, ehrlich und auf dem festen Willen beruhend allen Beteiligten Vorteile zu verschaffen; zum anderen die wirklichen Absichten offenzulegen und schließlich Informationen zu teilen und andere an der Problemlösung zu beteiligen. Glaubwürdige Fähigkeiten besitzt jemand, der über das für eine Aufgabe relevante Know-how verfügt und gut ist, in dem was er tut. Und in die Ergebnisse einer Person vertrauen wir, wenn das erreicht wird, was versprochen wurde.

Das in vielen Unternehmen anzutreffende Vertrauensdefizit ist meist weniger eine Frage der Kompetenz, die in vielerlei Hinsicht geschult wird, als vielmehr eine Frage der Haltung und des Verhaltens der Führungskräfte. Das Vertrauensprofil der Personen an der Spitze hat direkte Auswirkungen auf die Vertrauenskultur in Unternehmen und Institutionen. Vertrauen kann sich nur einstellen, wenn sich Führungskräfte stimmig und konsistent verhalten (Fehr 2014).

Drei Sachverhalte stehen einer vertrauensorientierten Führung im Arbeitsalltag häufig entgegen:

- Es mangelt an systematischer Reflexion und damit dem Bewusstsein darüber, wann, wo und wie Vertrauen zerstört wird.
- Es wird negativ über Dritte gesprochen.
- Es fehlt an Klarheit und Mut, Fehler anzusprechen, offen Feedback sowohl zu empfangen als auch zu geben und zu sagen, wofür man steht.

Momente, um Vertrauen zu begünstigen oder zu zerstören

Es gibt im Führungsalltag sehr viele Momente, in denen Vertrauen begünstigt oder zerstört werden kann. Verloren gegangenes Vertrauen können Führungskräfte sogar wiederherstellen, auch wenn das nicht immer einfach ist und oft lange dauert. Der wirkungsvollste Schritt für eine gute, vertrauensorientierte Führung wäre aus meiner Sicht getan, wenn Führungskräfte aufhörten, Vertrauen unbewusst zu zerstören.

Mangel an Reflexion

Führungskräften mangelt es häufig an **systematischer Reflexion** und Einsicht darüber, was ihr Verhalten bei Dritten bewirkt. Nicht das zu tun, was gesagt bzw. versprochen wurde, zerstört zumindest in unserem Kulturkreis Vertrauen verlässlich. Auch wenn dies scheinbar kleine Dinge betrifft, wie das pünktliche Erscheinen zu Terminen. Dieser Wirkmechanismus ist den allermeisten Führungskräften zumindest bewusst. Oft noch viel gefährlicher, weil weitgehend unbewusst, ist die Wirkung der Sprache für den Aufbau von Vertrauen. Ein großes internationales Technologieunternehmen hatte sich die Entwicklung einer Vertrauenskultur auf die Fahnen geschrieben. Eine aufwendige Mitarbeiterbefragung wurde durchgeführt, und die Führungskräfte gaben persönliche Absichtserklärungen darüber ab, wie sie Vertrauen zukünftig befördern wollten. Die Aussagen schmückten, mit dem Konterfei des Autors auf große Pappen gezogen und an die Decke gehängt, die Eingangshalle der Zentrale. Ein starkes Symbol an die Mitarbeiter sollte dies sein. Kaum war die Konstruktion, die wie ein riesiges Mobile wirkte, installiert, da wurde sie vom Vorstandsvorsitzenden in einem Meeting als „Lügenbaum“ bezeichnet.

Schlecht über Dritte reden

So wie in diesem Beispiel der CEO das Vertrauenssymbol mit **negativen Bemerkungen** desavouierte, so reden wir oft schlecht über Dritte. Diese Angewohnheit, schleichendes Gift für die Entstehung von Vertrauen, ist ungeheuer weitverbreitet. Wer von uns hat nicht diese Erfahrung gemacht: Wir stehen dabei, während über einen Kollegen negativ geurteilt wird, kaum, dass er den Raum verlassen hat. Automatisch fragen wir uns, wie wohl über uns gesprochen würde.

Fehlender Mut zum Feedback

Oft fehlt es an Mut aufseiten der Führungskräfte, wenn es darum geht, sich mit offenen Rückmeldungen zu konfrontieren; bei den Kollegen und Mitarbeitenden, die nicht stimmiges Verhalten nur selten ansprechen. So kommt es, dass bei Führungskräften allzu oft kein Bewusstsein darüber vorhanden ist, wo und wie sie Vertrauen zerstören. Vielleicht war die Bemerkung sogar ironisch gemeint, aber das Unwort des „Lügenbaums“ machte in Windeseile die Runde und lud zu allerlei Kommentaren ein. Niemand aus seinem Umfeld hat den CEO darauf hingewiesen, was seine unbedachte Aussage bewirkt hatte.

Geradezu dramatische Auswirkungen zeitigte das Fehlen einer mutigen, offenen Fehler- und Diskussionskultur im VW-Skandal. Hohe Leistungsorientierung war verbunden mit einer Führungshaltung, die nicht auf Ermutigung und Befähigung, sondern Angsterzeugung ausgerichtet war – unerheblich, ob gewollt oder ungewollt. VW-Techniker sagten, die Vorgaben des Vorstands seien nicht zu realisieren gewesen, deshalb sei manipuliert worden. Letztlich mit den bekannten Ergebnissen: Selbstbetrug und Betrug der Kunden – Vertrauensverlust nach innen und außen. Der ehemalige Bayer-CEO Marjin Dekkers nennt die Dinge in der Wirtschaftswoche beim Namen (zit. nach Schmitz et al. 2015, S. 1): *„Sie dürfen keine Atmosphäre schaffen, wo es für Mitarbeiter schwierig wird, schlechte Nachrichten nach oben weiterzugeben."*

4.10.3 Wie Yoga hilft, Vertrauen zu stärken

Vertrauensstiftendes Verhalten

Yoga kann Führungskräften helfen, Vertrauen in sich selbst und bei anderen zu entwickeln. In Patañjalis Yogasutren sind die persönlichen Entwicklungspfade zu einem vertrauensstiftenden Verhalten beschrieben. Integrität und gute Absichten sind als Leitprinzipien yogischen Verhaltens in der äußeren Disziplin enthalten. Die Prinzipien Wahrhaftigkeit („Satya") und nicht zu stehlen, das heißt keinen Vorteil auf Kosten anderer zu erlangen („Asteya"), zielen auf Integrität und Klarheit. Wer nach Wahrhaftigkeit strebt und dem Prinzip von Mitgefühl, Güte und Gewaltlosigkeit („Ahimsa") folgt, der wird mit guten Absichten führen. Der Yoga belässt es nicht bei Verhaltensprinzipien, er gibt uns auch erprobte Methoden an die Hand, die uns bei der Umsetzung dieser herausfordernden Prinzipien unterstützen.

Um Selbstvertrauen zu stärken, müssen wir uns selbst akzeptieren. Dazu steht Ihnen diese Meditation zur Verfügung. (Video 21, http://goo.gl/R1zVi6)

Übung 22

Vertrauen stärken – Bleiben Sie sich selbst gewogen
Setzen Sie sich bequem hin, mit aufrechter Wirbelsäule. Am besten halten Sie während der Meditation die Augen geschlossen und atmen durch die Nase.
Halten Sie die rechte Handfläche 15–20 cm über die Mitte des Kopfes, so als wollten Sie sich selbst segnen. Die linke Handfläche zeigt nach vorne und die Finger nach oben. Der linke Arm ist angewinkelt. Achten Sie darauf, dass der linke Oberarm an der Körperseite liegt.

Schließen Sie Ihre Augenlider. Richten Sie die geschlossenen Augen auf die Mitte Ihres Kinns. Atmen Sie jetzt für 1 Minute langsam und tief mit einem Gefühl der Selbstzuneigung.
Zum Abschluss atmen Sie tief ein und öffnen mit dem Ausatmen die Augen.

Regelmäßiges Üben verbessert stetig die (Selbst-)Wahrnehmungs- und Reflexionskompetenz. Führungskräfte mit diesen Fähigkeiten haben es leichter, die Momente des Ver- bzw. Misstrauens zu erkennen und dann Ihr Verhalten in der gewünschten Weise zu steuern. Mit zunehmender Feinfühligkeit für uns selbst steigt auch die **Empathie** für andere. Es ist eine Quelle einer vertrauensvollen Beziehung, wenn wir erkennen, was für den anderen von Bedeutung ist.

Mit Yoga können Führungskräfte ihren **Mut** nähren. Die Muterfahrungen, die beim Üben gemacht werden, erleichtern die Ausrichtung des Führungsverhaltens auf den Aufbau von Vertrauen. Eine solche Ausrichtung ist nicht immer einfach, wenn wir etwa an Wahrhaftigkeit (let‘s face it) und Klarheit denken. Mut ist auch nötig, um anderen zu vertrauen und anspruchsvolle Aufgaben und Verantwortung zu delegieren.

Empathie und Mitgefühl

Ein häufiger Grund, anderen nicht vertrauen zu können, ist mangelndes **Selbstvertrauen**. Die mit fortschreitender Übung steigende Sensitivität setzt einen Prozess der Selbstkorrektur und -einschätzung in Gang, der das Selbstvertrauen stärkt. Auch der Umgang mit ungewohnten Körperhaltungen, die Erkenntnis, „ich kann mich halten“, stärkt das Selbstvertrauen. Immer wieder machen sich die Übenden mit der Erfahrung vertraut, den Schritt in die Unsicherheit zu wagen. Mit kleinen regelmäßigen Meditationen können Führungskräfte Empathie und **Mitgefühl** steigern. Eine mitfühlende Haltung macht es leichter, vertrauensförderndes Win-win-Verhalten an den Tag zu legen.

Reflexion

- Wann und wie habe ich den letzten beiden Wochen Vertrauen zerstört?
- Wie oft rede ich schlecht über Dritte, wenn diese nicht anwesend sind?
- Ermutige ich mein Umfeld aus tiefer Überzeugung, mir ehrliche und offene Rückmeldung zu geben?

4.11 Wertschätzung: Das Positive im anderen vorbehaltlos sehen

> The problem with you is, you want to be appreciated all the time, but you do not know to appreciate all the time. (Yogi Bhajan)

4.11.1 Wertschätzung ist an die Person gebunden

Gelingende Beziehungen

Laut der Studie des „Forums Gute Führung" sehen die Führungskräfte starkes **Engagement** in Unternehmen eng an eine wertschätzende Führung gekoppelt. Dies deckt sich mit den neuesten neurobiologischen Befunden. Wir Menschen sind demnach nicht primär auf Egoismus und Konkurrenz ausgerichtet, sondern auf Zuwendung und gelingende zwischenmenschliche Beziehungen. „*Kern aller menschlichen Motivation ist es, zwischenmenschliche Anerkennung, Wertschätzung, Zuwendung oder Zuneigung zu finden und zu geben*", meint der Neurologe, Arzt und Psychotherapeut Joachim Bauer (2008, S. 36 f.). „*Die Motivationssysteme schalten ab, wenn keine Chance auf soziale Zuwendung besteht, und sie springen an, wenn das Gegenteil der Fall ist, wenn also Anerkennung oder Liebe im Spiel ist*", schreibt er weiter. Ausgrenzung und Demütigung bewerte unser Gehirn wie zugefügten körperlichen Schmerz, der zu Aggression führt. Soziale Akzeptanz und Wertschätzung seien zentrale Glücksquellen des Menschen (Bauer 2014).

Wenig Wertschätzung für die Menschen in der zweiten Reihe

Grundsätzlich ist wertschätzende Führung auf allen Unternehmensebenen gefragt und wichtig. Eine zentrale Bedeutung haben indes die Auswirkungen des Führungsverhaltens der Unternehmensspitze. Zum einen wirken sie als Rollenmodell in die gesamte Organisation. Zum anderen identifiziert eine aktuelle Studie der Hochschule Niederrhein Führungskräfte über 40 Jahren als besondere Problemfälle in Bezug auf ihr Engagement. Topmanager motiviert vor allem der gestiegene Entscheidungsspielraum. Führungskräfte in der zweiten Reihe wie Bereichs- und Hauptabteilungsleiter sind dagegen häufig unzufrieden, wenn sie es nicht als Geschäftsführer oder Vorstand an die Spitze gebracht haben. Mehr als zwei Drittel der Befragten gaben in der Studie an, unter mangelnder Wertschätzung zu leiden. Der Leiter der Studie, Professor Cisik, fordert, das ungeheure Wissen und Engagement dieser Gruppe, die ja noch lange im Unternehmen bleibt, besser zu nutzen (FAZ 2015).

Wertschätzung meint eine innere Haltung, in der wir nicht nur anderen, sondern auch uns selbst mit Respekt, Wohlwollen und Anerkennung begegnen. Wertschätzung betrifft einen Menschen als Ganzes, sein Wesen und seine Werte. Diese grundsätzliche Anerkennung eines Menschen fußt auf der Grundhaltung: „Gut, dass es Sie gibt!", oder, wie Thomas A. Harris das schon in den 1980er-Jahren im Titel seines Bestsellers ausdrückte: *Ich bin o.k., Du bist o.k.* In der Psychotherapie spricht man von bedingungsloser positiver Wertschätzung. Eine wertschätzende Beziehung am Arbeitsplatz zeigt sich durch Zugewandtheit, Freundlichkeit, Vertrauen und Fairness. Das Gegenteil von Wertschätzung ist Geringschätzung. Sie kann bis hin zur Verachtung gehen. Wertschätzende Führung meint dabei keineswegs, immer nur nett zu sein oder „Befindlichkeitsgelaber" (Kals 2014). Dem anderen etwas respektvoll zuzumuten und ein klares und offenes Feedback zu geben, gehören ebenfalls dazu.

Während Empathie und Einfühlungsvermögen in der Regel eine punktuelle Präsenz erfordern, ist Wertschätzung eine dauerhafte Grundhaltung. Die wichtigste Übereinstimmung der Kompetenzen Empathie und Wertschätzung ist ihre innere Haltung, in der Führungskräfte beides ausdrücken:

- Sie erkennen ihren eigenen Wert an.
- Sie sind offen und authentisch.
- Sie nehmen ihr Gegenüber ernst.
- Sie fühlen sich auf der menschlichen Ebene gleichwertig.
- Sie nehmen die Verantwortung wahr, die ihre Rolle mit sich bringt.
- Sie kommunizieren klar, kooperativ und transparent.

Sprachen der Wertschätzung

Welches Verhalten ein Mensch als wertschätzend einstuft, ist individuell und hängt von seiner Persönlichkeit ab. Die legendäre Managementtrainerin Vera F. Birkenbihl gab einst den Ratschlag, täglich drei Worte persönlicher Anerkennung (WAP) auszusprechen. Neben Lob, Dank oder Worten persönlicher Anerkennung gibt es eine Reihe von Verhaltensoptionen, um Wertschätzung auszudrücken. Auch unterstützende Handlungen, miteinander verbrachte Zeit, Geschenke oder körperliche Berührung sind „Sprachen der Wertschätzung", auf die Menschen je nach ihrer individuellen Präferenz positiv reagieren (Chapman und Whitman 2012).

Reflexionsvermögen und stabiler Selbstwert

Diese Verhaltensweisen sollten allerdings sehr reflektiert eingesetzt werden, denn sie können leicht manipulativ wirken. In der Regel sind Signale der Wertschätzung an die von der Führungskraft erwartete Leistung geknüpft. Es geht dann darum, Verhalten in eine Richtung zu steuern, die demjenigen nützt, der z. B. Lob, Dank und Anerkennung ausspricht. Wertschätzung sollte möglichst unabhängig vom guten Ausfüllen einer Rolle oder Aufgabe sein. Reinhard K. Sprenger plädiert für klare Leistungsvereinbarungen auf der sachlichen Ebene und Wertschätzung auf der persönlichen Ebene (Hartge 2006). Wertschätzung im Sinne einer bedingungslos positiven Haltung herzustellen, ist keine einfache Aufgabe. Denn ein stabiler Selbstwert sowie ausgeprägtes Reflexionsvermögen gehören zu den Grundvoraussetzungen für wertschätzende Führung. Wer glaubt, nicht wertvoll zu sein, ist auch nicht in der Lage, sich selbst und andere wirklich wertzuschätzen. Wertschätzung auf der persönlichen Ebene verlange von den Führungskräften deshalb, den Blick auf sich selbst zu richten, so Sprenger im Interview mit Thomas Hartge (2006, S. 33 f.).

Liebe lässt Bindungen entstehen

Führungspersönlichkeiten, die Menschen bedingungslos wertschätzen können, setzen auf **Liebe** als Instrument zur Gestaltung von Beziehungen. Denn was ist Liebe anderes als das grundsätzliche „Ja-Sagen" zu einer Person, so wie sie ist, mit ihren Wertvorstellungen und ihrem gesamten Emotionsrepertoire? Liebe lasse Bindungen entstehen und trete Bindungs- und Beziehungslosigkeit entgegen; sie könne Gegensätze überwinden oder ihnen zumindest die Schärfe nehmen, so Prof. Frank Dievernich (2015), Präsident der University of Applied Sciences in Frankfurt am Main. Nur mit Liebe können Führungskräfte nachhaltig Spuren in den Köpfen und Herzen der ihnen anvertrauten Menschen hinterlassen. Karlheinz Binder, ehemaliges Mitglied der Geschäftsführung des Burda-Verlags, teilt diese Auffassung (zit. nach Drath 2014, S. 257): *„Wer Menschen nicht lieben kann, ist unfähig sie zu führen."*

Gleichwohl hat es die Liebe in der Führung nicht leicht. In einem Führungsseminar mit Bereichsleitern eines IT-Unternehmens waren die Teilnehmer eingeladen, über ihre grundlegenden persönlichen Werte und deren Auswirkungen auf ihr individuelles Führungsverhalten zu reflektieren. Auch der Wert „Liebe" tauchte in der Diskussion auf. *„Liebe gehört aber nicht in den Business-Kontext"*, nach Meinung gleich mehrerer Teilnehmer. Es entspann sich eine angeregte Diskussion, die um die Frage kreiste, was Liebe denn eigentlich sei. Nachdem ein Konsens erzielt worden war, unter dem Begriff Liebe „Ja-Sagen" zu verstehen, konnte die Gruppe diesen Wert auch im beruflichen Umfeld eine hohe Bedeutung beimessen.

Das Beispiel macht deutlich, wie der Verweis auf die Liebe die gängige Unterscheidung zwischen Rolle und Person ins Wanken bringt. Genau diese ist es aber, die Organisationen bislang funktionieren ließ. Die Liebe in die Führung zu integrieren, heißt, die Unterscheidung zwischen Person und Rolle ein Stück weit aufzuheben und damit Verantwortung an eine Person zu binden. Also authentisch – und damit vertrauensorientiert – zu führen. So führen in aller Regel Chefs, die wir nie vergessen werden.

4.11.2 Wie Yoga zu mehr Wertschätzung führt

Wie unterstützt die Yogapraxis Führungskräfte dabei, eine wertschätzende, unterstützende Haltung anzunehmen und konsequent zu leben? Zunächst, Sie ahnen es, durch die Schulung einfühlsamer (Selbst-)Wahrnehmung und damit des **Reflexionsvermögens.** Mit guter Reflexionskompetenz ausgestattet ist es Führungskräften möglich, ihr Führungsverhalten in dreifacher Hinsicht wertschätzungsorientiert auszurichten:

Manipulation vermeiden

1. Selbstdistanz ermöglicht es, den manipulativen Einsatz wertschätzender Verhaltensweisen bewusst zu erkennen und zu vermeiden.
2. Eine ausgeprägte Wahrnehmungsfähigkeit hilft, zu erkennen, welche Sprache der Wertschätzung jeweils angebracht ist.

3. Führungskräfte mit geübter Achtsamkeit verfügen über bessere Möglichkeiten, auf die Wirkung ihrer Sprache zu achten.

Führung ist letztlich Bewusstseinsführung, die über Begriffe und **Sprache** geschieht. Eine Kultur der Wertschätzung braucht Führungskräfte, die eine gewisse Empfindsamkeit für die Implikation ihrer Sprache aufbringen. Unsere Businesssprache ist voller martialischer Jargons, die häufig Missachtung ausdrücken, wie etwa: „If you hang him, hang him publicly." Hier kann uns die Weisheitslehre Yoga zur Reflexion dienen, wonach sich in der Sprache Mitgefühl, Güte und Gewaltlosigkeit ausdrücken sollen („Ahimsa"). Stellen wir uns kurz vor, was die Auswirkungen auf die Wertschätzung in Organisationen wären, wenn Führungskräfte sich diesem Prinzip stärker verpflichtet fühlten.

Eigene Stärken und Schwächen akzeptieren

Mit der Achtsamkeitspraxis, die das nicht beurteilende (Selbst-) Beobachten zum Ziel hat, trainieren wir vor allem die **Akzeptanz**, man könnte auch sagen, die unbedingte Wertschätzung gegenüber uns selbst und anderen. Wenn wir uns selbst, die eigenen Stärken und Schwächen, akzeptieren, wenn wir aufhören, negativ zu bewerten und negative Geschichten über uns selbst zu erzählen, dann stärken wir unseren Selbstwert.

Der Volksmund sagt: „In einer rauen Schale verbirgt sich ein weicher Kern." Mit Yoga soll das Umgekehrte erreicht werden: Der innere Kern, unser Selbstwert und Werteverständnis, ist stabil. Auf dieser Basis können wir uns empathisch und wertschätzend für andere öffnen.

Auch **Dankbarkeit**, in Patañjalis Yogasutren ein Prinzip der Selbstführung („Santosha"), ist ein wirksamer Selbstwertspender. Zugleich wirkt Dankbarkeit ganz direkt auf wertschätzende Führungsbeziehungen. Führungskräfte, die täglich dankbar sein können, drücken gerne Wertschätzung für die Personen in ihrem Umfeld aus.

Dankbarkeit können Sie üben. (Video 22, http://goo.gl/9JSGew)

Übung 23

Wertschätzung aufbauen – Bleiben Sie dankbar

Setzen Sie sich bequem hin. Finden Sie eine Haltung, in der Sie sich gleichzeitig entspannt und wachsam fühlen. Am besten schließen Sie Ihre Augen.

Überlegen Sie zuerst, wohin Sie die Dankbarkeit richten möchten, z. B. an Personen, das Leben, die Natur, andere Lebewesen oder die innere Weisheit.

Stellen Sie sich das Gegenüber vor und registrieren Sie dabei, welche Form der Dankbarkeit Ihnen im Augenblick am ehesten entspricht, z. B. ein Geschenk, ein Wort des Dankes oder eine Berührung.

Denken Sie über eine konkrete Situation nach, in der Sie Ihre Dankbarkeit bekunden wollen.
Vielleicht finden Sie den Mut, dies auch zu tun.

Tunnelblick aufgeben

In Stresssituationen, etwa bei Restrukturierungen, neigen Führungskräfte häufig zu einem Tunnelblick, bei dem die Konzentration nur noch auf dem Ergebnis liegt und die Bedeutung wertschätzender Beziehungen ausgeblendet wird. Mit einer guten Selbststeuerung ist es in emotional herausfordernden Führungssituationen eher möglich, den selbstgerichteten Tunnelblick bewusst aufzugeben und offen für wertschätzende Beziehungen zu sein.

4.12 Zuhören: Die Welt des anderen zugewandt und neugierig erkunden

» When you really listen to another person from their point of view, and reflect back to them that understanding, it's like giving them emotional oxygen. (Stephen Covey)

4.12.1 Die Qualität des Zuhörens bestimmt die Qualität der Beziehung

In welchem Gespräch fühlten Sie sich zum letzten Mal richtig wohl? Und warum? Denken Sie ruhig einen Moment über diese Frage nach. Wir fühlen uns in einer Gesprächssituation wohl, wenn uns aufmerksam zugehört und unser Anliegen verstanden wird – und wenn wir uns angenommen fühlen. Zuhören ist eine kritische Kompetenz für gute, effektive Führung. Führungskräfte verbringen einen erheblichen Teil ihres Arbeitstages in Besprechungen und mit Gesprächen. Laut einer Studie der Akademie für Führungskräfte der Wirtschaft GmbH aus dem Jahre 2008 hielten aber nur ca. 17 % der Mitarbeiter ihren Chef für einen wirklich guten Zuhörer. Glauben Sie, die Befragungsergebnisse wären heute deutlich besser?

Mehr zuhören, weniger reden

Die psychologische Forschung zeigt, dass **empathisches Zuhören**, das ist aktives Zuhören, gepaart mit dem Versuch, Perspektiven und Sichtweisen anderer zu verstehen, eine sehr effektive Form des Zuhörens ist. Empathisches Zuhören ermöglicht Vertrauen und Wertschätzung, begünstigt den offenen Informationsaustausch und die Zusammenarbeit. Paul Bennett, Chief Creative Officer bei der Innovationsberatung IDEO, legt Führungskräften aus eigener Erfahrung ans Herz, mehr zuzuhören und die richtigen Fragen zu stellen (Riordan 2014, S. 1; Übers. d. Verf.): *„Lange Zeit nahm ich an, die Welt würde sich mehr für mich interessieren als ich mich für die Welt. Deshalb verbrachte ich die meiste Zeit sprechend, üblicherweise ziemlich unreflektiert. Ich* *sprach über alles, was ich dachte, bemühte mich, clever zu sein, und dachte dabei über das nach, was ich sagen wollte, statt zu hören, was die anderen zu mir sagten.“*

Guten, empathischen Zuhörern wird einiges abverlangt (Riordan 2014, S. 1):

- Sie sind sensibel und konzentriert genug, um sowohl die verbalen als auch die nonverbalen Signale des Gesprächspartners zu erfassen, z. B. Ton, Mimik und Körpersprache. Sie achten auch darauf, was nicht gesagt wird.
- Sie verstehen das Gemeinte des Gesprochenen, folgen der Konversation und stellen durch das Zusammenfassen und Hervorheben zentraler Aussagen sicher, dass das Gesagte erinnert wird.
- Sie geben den anderen zu verstehen, dass zugehört wurde, sowohl verbal als auch nonverbal.

Wenn wir aufmerksam und empathisch zuhören, ist unser Hören nicht mehr geprägt davon, unsere eigenen Denkgewohnheiten, Bewertungen und Absichten bestätigt zu sehen. Die Wahrnehmung ist verändert, und wir lassen uns ein auf die Welt und die Geschichten des anderen. Wir hören, was der andere fühlt. Wirklich empathische Zuhörer tauchen in die Welt des Sprechers ein, ohne dessen Handlungen oder Gefühle zu bewerten.

4.12.2 Generatives Zuhören – mit höchster Konzentration und Feinfühligkeit

Zuhören im Zustand höchster Präsenz und Verbundenheit

Führungskräfte können von einer noch tieferen Ebene des Zuhörens agieren, die Otto Scharmer, Urheber der Theory U (▶ Abschn. 2.2), **generatives Zuhören** nennt. Dazu benötigen sie allerdings eine sehr hohe Aufmerksamkeit und sensible Wahrnehmung. Die Erfahrung mit dieser tiefen Ebene des Zuhörens ist schwer zu beschreiben. Es ist eine Situation, in der wir uns nicht mehr länger in jemanden vor uns einfühlen. Wir befinden uns in einem Zustand höchster Präsenz und Verbundenheit. Wir gewinnen eine Vorstellung darüber, welche zukünftigen Möglichkeiten im Gegenüber und in unserer Beziehung liegen.

In der Gruppendynamik wird dieses Phänomen der Verbundenheit Synergie genannt, in der zwischenmenschlichen Kommunikation als Einssein und Flow beschrieben. Spitzensportler kennen dieses Stadium tiefer Konzentration und Achtsamkeit. Bill Russell, einst sehr erfolgreicher amerikanischer Basketballer, gibt uns eine Vorstellung davon, wie es sich anfühlt, wenn jemand im generativen Modus agiert (Scharmer 2014a, S. 3, Übers. d. Verf.): *„Das Gefühl ist schwer zu beschreiben, und ich habe natürlich nie darüber gesprochen, solange ich spielte. Wenn es passierte, erreichte mein Spiel ein neues Niveau. Es war fast so, als würde ich in Zeitlupe spielen. In diesen Momenten konnte ich fast spüren, wie sich der nächste Spielzug entwickeln und wo der nächste*

Wurf hingehen würde." Spitzenathleten versuchen durch mentale Vorbereitung in diesen Erfolgsmodus zu kommen. Führungskräfte werden nur ganz selten ermutigt, es ihnen gleichzutun. Auch das Zuhören wird in der Regel als eine weniger tief gehende Technik geübt.

Von der Zukunft her führen

Generatives Zuhören ist ein wichtiger Baustein, um kreativ von der Zukunft aus zu führen. Wer Zukunft aus der Zukunft heraus gestaltet, erlebt keine „Standardzukunft", die geprägt ist von den Erwartungen, Ängsten, Hoffnungen und Prognosen, die auf den vergangenen Erfolgen basieren (Zaffron und Logan 2012).

Sprechzeit schenken

Führungskräfte, die gut zuhören können, verfügen in Gesprächssituationen über eine hohe Präsenz und die nötige Qualität von Aufmerksamkeit und Wahrnehmung. Dies geht nicht ohne Verlangsamung. Wir sind mental zu beschäftigt, um anzuhalten und „zu sein", während wir zuhören. Daniel Goleman zitiert in seinem jüngsten Buch *Focus* einen CEO, der vermutlich nicht alleine steht (2014, S. 226): *„Mein Gehirn hetzt zu viel. [...] Wenn Du von den Menschen das Beste willst, musst Du ihnen wirklich zuhören und sie müssen sich gehört fühlen. Deshalb muss ich lernen zu verlangsamen, um mich selbst und die Menschen um mich besser zu machen."* Mit das kostbarste Geschenk, das Sie einem Menschen machen können, ist im privaten wie im beruflichen Umfeld folgendes: Schenken Sie Sprechzeit!

Effektives, empathisches oder gar generatives Zuhören stellt hohe Ansprüche an die innere Verfasstheit von Führungskräften. Es sind einige Kompetenzen zu beherrschen. Die Techniken der uralten Weisheitslehre Yoga können dabei sehr unterstützend sein.

4.12.3 Wie Yoga die Qualität des Zuhörens verbessern hilft

Innere Gelassenheit

Yoga bietet vielfältige Möglichkeiten zur **Verlangsamung** – angefangen bei der tiefen Atmung über (Achtsamkeits-)Meditationen bis hin zu achtsam ausgeführten, synchronisierten Körper- und Atemübungen. Verlangsamung ist eine Voraussetzung für innere **Gelassenheit**, ohne die eine hohe Qualität des Zuhörens nicht gewährleistet werden kann. Denn emotionale Belastungen des Zuhörers vermindern dessen Aufmerksamkeit.

Als kleine Handreichungen für mehr Präsenz, Empathie und Aufmerksamkeit im Kontakt mit anderen sollen Ihnen folgende Hinweise dienen. Um Ihre Präsenz und Qualität des Zuhörens zu verbessern, können Sie auch andere Übungen aus diesem Buch zur Hilfe nehmen, z. B. die Vollatmung (Übung 3; ► Abschn. 4.2.2), die Gehmeditation (Übung 12; ► Abschn. 4.4.1) oder SABRR (Übung 10; ► Abschn. 4.3.2). Wählen Sie sich aus, was Ihnen passend erscheint.

Übung 24

Zuhören verbessern – Bleiben Sie präsent
Machen Sie eine kleine Atempause, bevor Sie in den Kundenkontakt gehen (das gilt auch für das Verfassen von E-Mails): Schließen Sie kurz die Augen und atmen Sie ein und aus, zählen Sie dabei bis fünf.
Falls in einer Kontaktsituation Ihre Emotionen hochschießen, Sie sich z. B. über Ihren Gesprächspartner ärgern, dann sagen und tun Sie erst einmal nichts! Atmen Sie stattdessen tief ein und aus, zählen Sie mindestens bis fünf.
Stellen Sie sicher, dass Sie nicht unterbrochen werden, solange Sie im Kundenkontakt sind. Dazu zählt auch das Vermeiden von Multitasking.
Machen Sie sich vor jedem Gespräch klar, was das Ergebnis sein soll.

Präsenz und Loslassen

Führungskräfte können lernen, auf **körperliche Regeneration** zu achten, und damit eine gelassene Grundhaltung fördern. Offenes und unvoreingenommenes Zuhören verlangt von Führungskräften schließlich, die eigenen Gedanken und mentalen Konstrukte loszulassen – eine Fertigkeit, die ebenfalls mit Yoga trainiert werden kann. Solange wir im Gespräch die Kontrolle behalten wollen und den Schritt in die Unsicherheit, in die Welt des anderen scheuen, erreichen wir nicht die tiefen Ebenen des Zuhörens.

Reflexion Beobachten Sie sich doch einmal selbst bei einem Gespräch:
- Sind Sie wirklich offen für das, was Ihnen gesagt wird?
- Oder versuchen Sie, während Sie zuhören, sich vorzustellen, wie und was Ihr Gegenüber gerade denkt, um darauf so reagieren zu können, damit Ihr Gesprächsziel erreicht wird?

Yoga für die Professionalisierung der Führungskräfteentwicklung

Der Blick auf das große Bild macht deutlich: Die uralte Weisheitslehre Yoga ist ein ganzheitlicher, vielversprechender Weg zur Entwicklung eines Repertoires von Führungskompetenzen, der mehr denn je gebraucht wird. Es wäre daher wünschenswert, dass yogische Techniken für die Professionalisierung der Führungskräfteentwicklung systematisch Berücksichtigung finden. Falls Sie neugierig geworden sind und Yoga für sich persönlich erkunden möchten: Nur Mut, wenden Sie sich einfach an ein Yogastudio in Ihrer Nähe. Und freuen Sie sich auf viele neue Erfahrungen mit sich selbst.

Zwölf Kompetenzen für gute Führung – worauf kommt es mir an?

Michael Schwalbach

M. Schwalbach, *Gute Führung durch Yoga und Meditation*, DOI 10.1007/978-3-662-48934-5_5

Die Reise zu mehr Führungsqualität beginnt mit dem ersten Schritt. Fangen Sie jetzt an, indem Sie sich mit Ihren Führungseigenschaften auseinandersetzen. Schauen Sie sich den Kreis mit den zwölf Kompetenzen für gute Führung in Ruhe an (◘ Abb. 5.1). Achten Sie auf ein ruhiges Umfeld. Vielleicht atmen Sie einige Male bewusst ein und aus, bevor Sie starten.

Lassen Sie die zurückliegenden zwölf Monate an Ihrem geistigen Auge vorüberziehen und danach alle wichtigen Stationen Ihrer Karriere. Bewerten Sie anhand der Bilder und Eindrücke, die Ihnen in den Sinn kommen, Ihr bisheriges Führungsverhalten. Überlegen Sie bei der Bewertung nicht zu lange. Tragen Sie mit einem Stift auf der jeweiligen Achse **Ihre Einschätzung** ein, von „ausgeprägt vorhanden" bis „offenkundig nicht vorhanden". Das Ergebnis ist ein persönliches Stärken-Schwächen-Diagramm.

Die folgenden Fragen sollen Ihnen als Orientierungshilfe dienen:

1. **Selbstwahrnehmung:** Bin ich im Verlauf meines Arbeitstages in der Lage, meinen Körper zu spüren und meine Gedanken zu beobachten? Schaffe ich es hin und wieder, mir selbst und anderen ohne Bewertung zu begegnen?
2. **Körperliche Regeneration:** Fühle ich mich überwiegend energetisch und vital? Gehe ich jeden Tag gerne zur Arbeit?
3. **Gelassenheit:** Bleibe ich auch in herausfordernden Führungssituationen ruhig und kann klar denken? Oder gibt es im berufli-

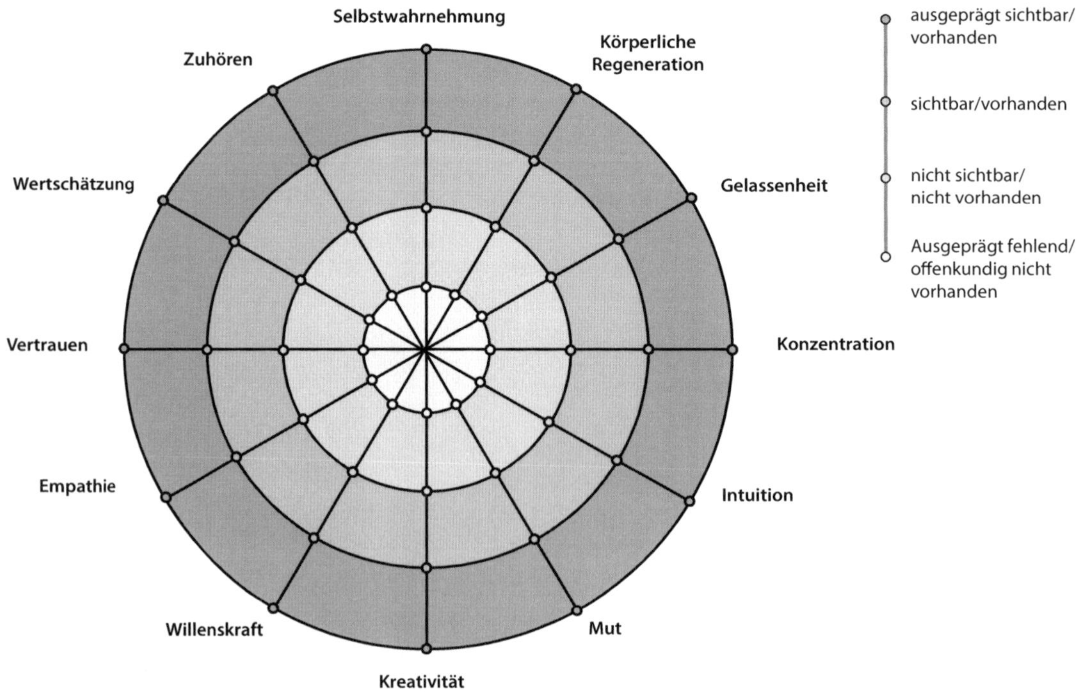

Abb. 5.1 Das Kompetenzrad für gute Führung

chen Umfeld häufiger Situationen, die mich auf die Palme bringen?

4. **Konzentration:** Bleibe ich regelmäßig länger als 30 Minuten an einer Aufgabe dran? Kann ich mich auch in hektischen, turbulenten Situationen auf das Wesentliche konzentrieren?
5. **Intuition:** Gönne ich mir regelmäßig Ruhepausen, um Probleme/schwierige Fragen sacken zu lassen, bevor ich zügig entscheide? Achte ich darauf, dass sich Entscheidungen stimmig und gut anfühlen?
6. **Mut:** War ich in meiner Karriere mutig, wenn es darum ging, meinen Standpunkt/meine Sichtweise zu vertreten, besonders wenn wichtige Kollegen anderer Meinung waren? Wo liegt bei mir die Schmerzgrenze für Kompromisse?
7. **Kreativität:** Traue ich mir zu, neue Dinge zu lernen? Gelingt es mir, unabhängig von der Meinung anderer zu bleiben, wenn ich Neues ausprobiere? Habe ich Freude beim Dilettieren?
8. **Willenskraft:** Kann ich Versuchungen widerstehen? Halte ich neue Verhaltensweisen durch?
9. **Empathie:** Kann ich mich in andere einfühlen? Spüre ich, was den anderen bewegt? Kann ich mich von anderen abgrenzen?
10. **Vertrauen:** Habe ich Vertrauen zu mir selbst? Halte ich, was ich verspreche? Wie gut kann ich anderen vertrauen – fällt es mir leicht, auch anspruchsvolle Aufgaben zu delegieren?
11. **Wertschätzung:** Schaffe ich es, andere aus tiefstem Herzen anzuerkennen: „Du bist ok"? Wie stark wertschätze ich mich selbst?
12. **Zuhören:** Wie aufmerksam höre ich zu? Kann ich hören, was mein Gegenüber fühlt?

Gibt es eine Kompetenz, in der Sie besonders großen Entwicklungsbedarf sehen? Dann starten Sie am besten gleich mit einer der vorgeschlagenen Übungen. Legen Sie ein Ritual für die kommenden 40 Tage fest. Was immer Sie dann sonst noch in Angriff nehmen, um Ihre Kompetenz zu stärken, die Übung wird Ihnen eine gute Unterstützung sein.

Mit dem Kompetenzrad haben Sie zusätzlich die Möglichkeit, enge Vertraute aus Ihrem privaten und beruflichen Umfeld um eine **strukturierte Rückmeldung** zu bitten.

Gleichen Sie die Ergebnisse miteinander ab und besprechen Sie gemeinsam die Abweichungen. Dieser Abgleich von Eigen- und Fremdbild erfordert Courage, aber er lohnt sich, wenn Sie als Führungspersönlichkeit wachsen wollen.

Sie können das Kompetenzrad immer wieder – zum Beispiel alle sechs oder zwölf Monate – zur Hand nehmen, um über Ihre Führungsqualität nachzudenken.

Gespräche mit Führungskräften über Yoga

Michael Schwalbach

M. Schwalbach, *Gute Führung durch Yoga und Meditation*, DOI 10.1007/978-3-662-48934-5_6

6.1 Gespräch mit Franziska von Lewinski

▪ Wer ist Franziska von Lewinski?

Franziska von Lewinski ist seit September 2014 Vorstand der fischer-Appelt-Gruppe. Sie ist dort viertes Vorstandsmitglied neben Andreas Fischer-Appelt, Bernhard Fischer-Appelt und Frank Behrendt. Von Lewinski steht dem Vorstandsressort Digital und Innovationen vor. fischerAppelt ist eine der größten inhabergeführten Agenturgruppen in Deutschland.

Davor arbeitete Franziska von Lewinski als CEO bei Interone und die letzten vier Jahre nach der Fusion von .start und Interone. Interone war unter der Führung von Franziska von Lewinski eine der größten Digitalagenturen Deutschlands. Sie verfügt über langjährige Erfahrungen in den Bereichen digitales Marketing, Cross- und Multi-Kanal-Kommunikation.

Franziska von Lewinski wurde 2014 von der Emotion unter die Top 3 der Frauen in der Kategorie Führung gewählt und 2015 von der Edition F unter die Top 25 der Frauen, die man in 10 Jahren als CEO eines DAX-Unternehmens sehen möchte.

Die gelernte Bauingenieurin lebt in Hamburg, ist verheiratet und Mutter von zwei Töchtern.

Franziska von Lewinski war deutsche Junioren-Vizemeisterin in der Vielseitigkeit und nahm ebenso an Europameisterschaften teil. Später hat sie den Pferde- gegen den Fahrradsattel ausgetauscht und war Mitglied einer Triathlonmannschaft, die in der 2. Bundesliga erfolgreich mitmischte.

Heute sind ihre Familie und Yoga ihr Ausgleich.

▪ Wie lange praktizieren Sie Yoga?

Seit über 10 Jahren, regelmäßig aber erst seit ca. 2 Jahren.

▪ Frau von Lewinski, wie sind Sie zum Yoga gekommen?

Im Grunde bin ich 2 Mal zum Yoga gekommen. Am Anfang war es pure Neugierde. Etwa 8 Jahre lang praktizierte ich Yoga unregelmäßig, zwischen dem Triathlontraining und dem Job. Ich besuchte Yogakurse, schaffte es allerdings nie regelmäßig und machte lange Yogapausen. Aber die Faszination Yoga ließ mich nie ganz los.

Dann, vor etwa 2 Jahren, ist mir Yoga gewissermaßen ein zweites Mal begegnet. Ich spürte Stresssymptome, hatte Herzrasen und schlief schlecht. Es gab weder im Job noch im Privaten einen konkreten Anlass dafür. Ich war alarmiert und ging zum Arzt. Einen physischen Grund gab es auch nicht. Mir war klar, dass ich etwas ändern musste und „verschrieb" mir regelmäßige Yogaauszeiten.

Ich begann, unterstützt durch Online-Yoga, für mich selbst zu üben. Das machte mich unabhängig. Und ich praktiziere bis heute immer morgens zwischen 6:00 und 7:00 Uhr. Meine Beschwerden waren schon nach 3 Monaten verschwunden, und mein Alltag bekam eine wunderbare neue Leichtigkeit.

- **Was bedeutet Yoga für Sie persönlich? Geht es nur um den Körper oder um mehr?**

Das Körperliche ist für mich ein wichtiger Teil beim Yoga. Denn Bewegung und auch körperliche Erschöpfung brauche ich als Ausgleich. Allerdings ist Yoga mehr als ich von meinen früheren Trainings gewohnt bin. Es geht nicht um Zeiten, um Trainingspläne und um Ziele.

„Es geht nicht um Zeiten, um Trainingspläne und um Ziele"

Auf der einen Seite ist es eine tolle Erfahrung, zu beobachten, wie man beweglicher wird, das man plötzlich auf den Händen stehen kann und ein Bein über den Kopf bekommt. Dinge, die ich nie für möglich gehalten hätte. Schritt für Schritt. Mit Spannung und Entspannung. Auf der anderen Seite lehrt mich Yoga den Fokus auf das Hier und Jetzt, im Gegensatz zu dem Denken an morgen oder den nächsten Schritt und an das, was übermorgen kommen könnte.

Yoga bedeutet für mich, bei sich bleiben, loslassen, laufen lassen und mit sich im Reinen sein. Diese Erfahrungen übertrage ich ganz automatisch auf den Alltag, den Job und die Begegnung mit meiner Familie und Freunden. Yoga bereichert mein Leben und manchmal frage ich mich: Wie schafft jemand den heutzutage wahnsinnigen Alltag ohne Yoga?

„Yoga bedeutet für mich, bei sich bleiben, loslassen, laufen lassen und mit sich im Reinen sein"

- **Was ist für Sie das Besondere an Yoga?**

Für mich verbindet Yoga Ruhe und Bewegung, Anspannung und Entspannung, Kraft, Dehnung und Balance auf eine wunderbare Weise. Dieses Wechselspiel im Flow des Atems fasziniert mich und bringt mich persönlich weiter, jeden Morgen.

- **Welches sind Ihre Lieblingsübungen?**

Das sind jene Übungen, von denen ich nie für möglich gehalten habe, dass ich sie jemals ausführen könnte. Und die Übungen, die mich an den Fokus auf das Hier und Jetzt erinnern.

- **An welche Erfahrungen können Sie sich besonders gut erinnern?**

Es gibt nicht diesen einen Moment. Es sind eher viele kleine Yogamomente, an die ich mich gerne erinnere.

- **Wie hat sich Ihre Praxis im Laufe der Zeit verändert?**

Als ich noch unregelmäßig in Kursen Yoga praktizierte, konnte ich mir nicht vorstellen, dass ich jemals Yoga alleine üben würde.

Jetzt habe ich es geschafft, Yoga in den Alltag zu integrieren. Das ist toll und macht wirklich einen Unterschied. 3–5 Mal die Woche sitze ich morgens auf der Matte. Die Yogamatte begleitet mich auf jeder Reise – privat oder beruflich. Und ein gutes Hotel ist ein Hotel, in dem ich die Yogamatte ausrollen kann. Am liebsten auf Holzfußboden.

„Ein gutes Hotel ist ein Hotel, in dem ich die Yogamatte ausrollen kann"

- **Hier würde ich gerne etwas mehr erfahren: Spielt Achtsamkeit, Meditation für Sie eine Rolle? Wenn ja, wie könnte das beschrieben werden?**

Der Aspekt der Achtsamkeit und Meditation spielt mit zunehmender Yogaerfahrung eine größere Rolle. Atemübungen und „Sitzen in Ruhe" sind fester Bestandteil meiner Praxis geworden. Es ist faszinierend, wie bestimmte Atemtechniken aufwecken, schlafen lassen oder auch für Entspannung sorgen können.

- **Nutzen Sie DVDs oder Bücher?**

Ab und zu. Regelmäßig lasse ich mich von Online-Yoga inspirieren.

- **Besuchen Sie Retreats?**

Ja, auf jeden Fall – immer wenn es zeitlich passt. Als ich zwischen zwei Jobs freie Zeit hatte, war ich auf Ibiza auf einem Yoga-Retreat. Zum Abschalten und Vorbereitung auf das Neue.

- **Welchen Rat haben Sie für Anfänger?**

Einfach machen. Ausprobieren. Und vor allem: Nicht einschüchtern lassen, wenn neben Ihnen jemand plötzlich im Kopfstand steht. Jeder hat seine eigenen Grenzen und seine eigene Geschwindigkeit; es geht immer um die eigene Erfahrung.

- **Wie wirkt sich Ihre Yogapraxis auf Ihre Führungspraxis aus?**

Yoga funktioniert wunderbar als Führungscoach. Zum Beispiel erinnert Yoga mich immer wieder auf's Neue an Folgendes:

- Schritt für Schritt und nicht mit Gewalt. Dinge brauchen Zeit, können aber sehr wohl verändert werden.
- Fokus, Fokus, Fokus. Ohne geht es nicht. Multitasking ist ein Mythos.
- Dem Flow folgen und loslassen.
- Immer wieder die Perspektive wechseln und die Dinge upside down betrachten – so als wenn man auf dem Kopf steht.

Frau von Lewinski, vielen Dank für das Gespräch.

6.2 Gespräch mit Frank Kadereit

■ Wer ist Herr Kadereit?

Frank Kadereit ist 1963 geboren, Diplom-Pädagoge und arbeitet seit 1989 in der stationären Altenhilfe. Bis 2008 war er bei verschiedenen Trägern als Einrichtungsleiter tätig, ab 2009 als Geschäftsführer.

Seit Ende 2014 arbeitet er in Wiesbaden bei EVIM, einem großen diakonischen Träger. Frank Kadereit ist dort Geschäftsführer in der Altenhilfe.

Neben dem Beruf frönt Herr Kadereit einer anderen Leidenschaft: Er ist leidenschaftlicher Fan von Borussia Dortmund.

■ Herr Kadereit, seit wann praktizieren Sie Yoga?

Ich begann Anfang 2014 mit Yoga.

■ Wie sind Sie zum Yoga gekommen?

Ich erinnere mich noch genau. Es war Freitagabend, ich wollte gerade nach Hause gehen. Plötzlich bekam ich heftige Rückenschmerzen. Ich fiel um, konnte mich nicht mehr bewegen. Ein Kollege rief den Notarzt, der mir den „Heidelberger-Cocktail" spritzte. Als das nicht half, erhielt ich Morphin. Ich wurde ins Krankenhaus gebracht und konnte erst am Samstagmorgen um 3:00 Uhr wieder gehen. Nach einer MRT-Untersuchung (in der Röhre) schlugen mir die Ärzte eine Operation vor.

Gott sei Dank war meine Hausärztin der Meinung, ich sollte es lieber erst einmal mit Physiotherapie versuchen. Tatsächlich schaffte es die Therapeutin, mich in wenigen Minuten von meinem Schmerz im unteren Rücken zu befreien.

Um meinen Bewegungsapparat, vor allem meine Rückenmuskulatur, zu stärken, besuchte ich ein Fitnesscenter. Die Schmerzen wurden dadurch kurzfristig gelindert, kamen aber zurück. Dann empfahl mir meine Lebensgefährtin Yoga. Ich besuchte ein Yoga für Rückengeplagte, das tat mir gut und die Rückenschmerzen gingen dauerhaft weg.

■ Was bedeutet Yoga für Sie persönlich? Geht es nur um den Körper oder um mehr?

Ich war von Anfang an fasziniert, welche Muskeln es in meinem Körper gibt, von denen ich bisher noch nicht gewusst hatte, dass ich sie überhaupt habe. Mehr noch bedeuten mir die aktiven Entspannungsübungen. Dadurch kann ich in mich hineinhorchen. Auch an die Stelle, die letztendlich verantwortlich war für die Rückenschmerzen. Yoga ist für mich Spannung, Entspannung, Dehnung, Körperwahrnehmung, bewusstes Atmen.

„Yoga ist für mich Spannung, Entspannung, Dehnung, Körperwahrnehmung, bewusstes Atmen"

- **Was ist für Sie das Besondere an Yoga?**

Mein Körper wird wesentlich umfassender beansprucht als im Fitnesscenter. Mein Körpergefühl hat sich erheblich verbessert, ich nehme meinen Körper wohlwollend bewusst an. Yoga ist meins, da helfe ich mir selbst. Es braucht niemanden von außen.

- **Welches sind Ihre Lieblingsübungen?**

Für mich eine ganz einfache: das Krokodil. Bei dieser bemerke ich alle empfindsamen Stellen in meinem Rücken. Manchmal höre ich es während der Übung richtig, wie sich der entsprechende Rückenbereich wieder einrenkt.

- **An welche Erfahrungen können Sie sich besonders gut erinnern?**

An den oben erwähnten Freitagabend.

- **Wie hat sich Ihre Praxis im Laufe der Zeit verändert? Nutzen Sie Yoga-Apps?**

Zu Beginn machte ich freitags einen Kurs, der nannte sich „Yoga für Gestresste". Das war der perfekte Abschluss der Woche. Mittlerweile mache ich einen neuen Kurs, der viel anspruchsvollere Körperübungen enthält.

Apps nutze ich keine.

- **Welchen Rat haben Sie für Anfänger?**

Sie sollten sich einfach mal auf Yoga einlassen und den Versuch wagen, in sich hineinzuhören.

- **Wie hat sich Ihre Yogapraxis auf Ihr Berufsleben/Ihre Führungspraxis ausgewirkt?**

Zwei Dinge kommen mir hier in den Sinn. Zum einen erkannte ich mit zunehmender Yogapraxis, dass es nicht primär um meine Rückenprobleme ging. Vielmehr waren die Rückenschmerzen meine Art, auf eine bestimmte Art von Stress zu reagieren. Yoga öffnete mein Bewusstsein für die Erkenntnis, ein Stressproblem zu haben. Die Frage war also, woher mein Stress kam. Um diese Frage zu reflektieren nahm ich mir einen Coach. Im Verlauf des Coachingprozesses wurde mir klar, der Stress rührte von meiner damaligen Arbeit her. Diese verlangte Aufgaben von mir, die meinem innersten Wertekern zuwiderliefen. Bei diesem höchst subjektiven Wertekern handelt es sich ja nicht um objektive Verstöße oder Ähnliches, sondern um das eigene innere Werteverständnis und damit auch um die eigenen inneren Kernkompetenzen, die es einem ermöglichen, bestimmte Aufgaben und Tätigkeiten gut und mit Freude zu bearbeiten, andere dagegen nur mit großer Anstrengung und eben auch großem Stress. Nach dieser Erkenntnis wechselte ich den Arbeitgeber, weil die belastenden Aufgaben nicht zu verändern waren, obwohl ich erst ein Jahr vorher einen Fünf-Jahres-Vertrag unterschrieben hatte.

„Weil ich mich insgesamt wohler fühle, führe ich besser“

Zum anderen bin ich sicher, mit der Gelassenheit, die ich im Yoga lerne, mehr zu erreichen, als würde ich gestresst nur Anweisungen geben. Weil ich mich insgesamt wohler fühle, führe ich besser. Dazu ein Beispiel: Kürzlich musste bei uns ein Arbeitsbereich geschlossen werden. Natürlich war der Betriebsrat in die Gespräche mit den betroffenen Mitarbeiten involviert. Das waren nicht immer einfache Gespräche. Später bedankte sich der Betriebsrat bei mir für die Gesprächsqualität. Seiner Meinung nach hatte ich versucht, die beste Lösung für jeden Mitarbeiter zu finden. Interessanterweise hatte ich in der Woche, als die wichtigen Gespräche zu führen waren, verstärkt und sehr bewusst Yoga praktiziert.

Ich bin sehr glücklich, dass es Yoga gibt.

Herr Kadereit, vielen Dank für das Gespräch.

6.3 Gespräch mit Dr. Maik Lehmann

▪ Wer ist Dr. Maik Lehmann?

Dr. Maik Lehmann ist promovierter Jurist und fand seinen beruflichen Einstieg in einer international beratenden Großkanzlei. Nach längeren Stationen in zwei Großkonzernen, darunter zuletzt 7 Jahre als Geschäftsführer, ist Herr Dr. Lehmann seit 8 Jahren Partner und Mitgesellschafter des ifp, einer der führenden deutschen Personalberatungen.

Er berät Unternehmen, Organisationen und Stiftungen unterschiedlichster Größe bei der Besetzung von Schlüsselpositionen. Einige der Unternehmen zeichnen sich durch eine besondere Führungskultur aus und werden deshalb im Markt als Pioniere und Innovatoren wahrgenommen.

▪ Maik, wie lange praktizierst Du Yoga?

Meine Beschäftigung mit Yoga hat vor gut 12 Jahren begonnen. Die ersten Jahre würde ich aber nicht als wirkliche Yogapraxis bezeichnen. Es war zunächst mehr ein körperliches experimentieren, zwischen Zirkeltraining und Skigymnastik. Aber eben in einem anderen Kontext, der mich, ohne dass ich dies hätte klar beschreiben können, angezogen hat.

▪ Wie bist Du zum Yoga gekommen?

„Yoga ermöglichte mir, eine neue Perspektive auf mich und meine Berufstätigkeit einzunehmen"

Nach 10 Jahren im Großkonzern habe ich mich mit meiner beruflichen Neuorientierung befasst, das war vor rund 12 Jahren, ich war damals Ende 30. Heute habe ich den Eindruck, dass ich dafür intuitiv auch ein „Format" gesucht habe, das es mir ermöglichte, eine neue Perspektive auf mich und meine Berufstätigkeit einzunehmen. So erkläre ich mir mein tiefes und bis heute lebendiges Interesse, mich mit Yoga und vor allem Meditation intensiv zu beschäftigen. Zunächst hatte ich keine Ahnung, was das Ganze eigentlich bedeutet, aber irgendwie hat mich eine Sehnsucht dahin geführt, diese Weisheitslehren näher kennenzulernen.

▪ Was bedeutet Yoga für Dich persönlich? Geht es nur um Körperertüchtigung oder um mehr?

„Yoga ist für mich ein Instrument zur Selbststeuerung und zum Selbstmanagement"

Während in den ersten Jahren die körperliche Arbeit im Vordergrund stand, hat sich dies in den letzten Jahren stark verändert. Heute ist es für mich ein Instrument zur Selbststeuerung und zum Selbstmanagement. Es geht also darum, wie ich mit mir z. B. in Phasen hoher Belastung umgehe. Welche Schwerpunkte setze ich? Wie werde ich meiner Umgebung und mir gerecht, wie finde ich Balance? Nach meiner Überzeugung ist es wichtig, Stabilität in mir selbst zu finden und nicht in der äußeren Struktur, in der ich mich bewege.

- **Was ist für Dich das Besondere an Yoga?**

Viele Führungskräfte machen Triathlon, fahren Autorennen oder Motorrad. Aus meiner Sicht tun sie das, um sich zu spüren, um vollkommenen präsent zu sein. Dies kann mit Yoga auch erreicht werden, nur ist Yoga sanfter und lässt mehr Raum für inneres Wachstum.

- **Welches sind Deine Lieblingsübungen?**

Eine Lieblingsübung habe ich nicht. Meine Praxis wurde allerdings über die Jahre immer weniger körperlich. Heute praktiziere ich hauptsächlich Meditation.

- **An welche Erfahrungen kannst Du Dich besonders gut erinnern?**

Nicht vergessen werde ich meine allererste Yogastunde. Eine Einzelstunde. Ich habe die Stunde gar nicht als besonders angenehm oder intensiv empfunden. Als ich dann aber wieder draußen auf der Straße war, fühlte ich mich wie aufgeladen, fast schon ein wenig überdreht. Ich spürte, die Körperübungen hatten mich auf einer tieferen Ebene erreicht, als dies ein klassisches Work-out jemals könnte.

So einen intensiven Impuls habe ich nach Yogastunden nicht mehr gespürt, sehr wohl aber das Gefühl, dass ich mit eher negativen Gedanken in eine Stunde gestartet und weit positiver aus ihr herausgegangen bin. Stück für Stück wurde meine „Panzerung" aufgebrochen.

- **Wie hat sich Deine Praxis im Laufe der Zeit verändert? Nutzt Du Yoga-Apps?**

Gestartet bin ich mit Körperübungen, die waren sehr wichtig für mich. Zu einer stärker meditativen oder spirituellen Yogaform hätte ich damals keinen Zugang gefunden.

Heute begreife ich Yoga als eine mich beobachtende Haltung. Es geht mir um eine Gemütshaltung, die mir mehr Gelassenheit bringt, mich mehr mit dem Leben tanzen lässt. Heute ist die Meditation mein bevorzugtes Tool, um den eigenen Seelengrund zu erforschen und die Anbindung an meine Spiritualität zu erfahren. Ich integriere Elemente meiner Achtsamkeitsschulung in meinen Alltag – in den unterschiedlichsten Situationen, insbesondere auch zur Vorbereitung auf wichtige Termine.

Yoga-Apps benutze ich nicht. Ich habe für mich eine regelmäßige Praxis gefunden, die auch ohne diese Unterstützung funktioniert.

- **Welchen Rat hast Du für Anfänger?**

„Einfach beginnen"

Einfach beginnen! Gar nicht so viele Fragen stellen und nicht die üblichen Konzepte bemühen. Yoga und Meditation eröffnen Erfahrungen, die verschlossen bleiben, wenn Du dich nicht auf den Weg machst. Es ist wie beim Verliebtsein: Man kann viel darüber berichtet bekommen, aber wie es sich wirklich anfühlt, weißt Du erst, wenn Du dieses Kribbeln im Bauch spürst und für eine Zeit nur von Luft und Liebe leben kannst. In diesem Sinne machen Yoga und Meditation feinfühliger, sensibler und versetzen Dich in die Lage, Situationen besser erspüren zu können.

- **Wie hat sich Deine Yogapraxis auf Dein Berufsleben/Deine Führungspraxis ausgewirkt?**

In meiner Berufstätigkeit ist es wichtig, mich auf meine Kunden und Kandidaten einzulassen. So habe ich z. B. vor den Gesprächen mit Kandidaten ein Ritual, mit dem ich mich bewusst öffne, quasi „leer" mache.

Mir ist es wichtig, den Menschen im Gespräch die Chance zu geben, sich zu zeigen, ohne dass ich mit vorgefertigten Konzepten auf sie zugehe. Ich will mich im wahrsten Sinne von ihnen beeindrucken lassen. Es interessiert mich dabei immer mehr, welche Instrumente Menschen haben, um mit Belastung und schwierigen Lebenssituationen umzugehen und – im besten Fall – in ihnen auch noch zu wachsen.

Das hat alles etwas mit „Ent-wicklung" zu tun. Nach meinem Verständnis tragen wir alle viel Potenzial in uns, und es geht darum, die Verstrickungen, unsere Umwicklungen loszuwerden und uns ganz zu entfalten. Dafür braucht es vor allem eine gute Beziehung zu unserem wahren Kern, unserer echten Natur. Den Zugang dazu können Yoga und Meditation schaffen.

Maik, vielen Dank für das Gespräch.

6.4 Gespräch mit Alexander Lichtenberg

■ Wer ist Alexander Lichtenberg?

Alexander Lichtenberg ist diplomierter Jazz-Musiker (Musikhochschulen Köln und Dresden) sowie Dipl.-Kaufmann (Universität zu Köln).

Nach mehreren Stationen im Allianz-Konzern und bei der AXA ist er seit 2009 Marktfolgevorstand in der Schwäbisch Hall-Gruppe, wo er als Chief Operating Officer (COO) den Kredit- und Sparbereich, die Verarbeitung des Neu- und Bestandsgeschäfts sowie die Informationstechnologie verantwortet.

Herr Lichtenberg hat sich über viele Jahre mit Prozess- und Organisationsrestrukturierung sowie IT-Transformations- und -Modernisierungsprogrammen beschäftigt.

■ Herr Lichtenberg, wie lange praktizieren Sie Yoga?

Seit Januar 2010.

■ Wie sind Sie zum Yoga gekommen?

Ein Bekannter von mir, von dem ich weiß, dass er berufsbedingt ständig zwischen verschiedenen Zeitzonen pendelt, wirkte selbst unmittelbar nach Fernreisen immer voller Energie und konzentriert. Obgleich ich mich ausdauer- und kraftmäßig in einem akzeptablen Zustand wähnte, schien das für mich nicht erreichbar, weshalb ich ihn während einer Abendgesellschaft auf dieses Phänomen ansprach. Er sagte mir, dass er Ashtanga-Yoga praktiziere – eine körperliche, sehr intensive Form des Yoga.

Yoga assoziierte ich bis dahin mit meditativem Hokuspokus, weshalb ich es links liegengelassen hatte. Aber das nun gefiel mir und weckte meine Neugierde, weshalb ich beschloss, es einmal unter Anleitung auszuprobieren. Da ich unter der Woche fernab des Wohnorts meiner Familie arbeite und wohne, hatte ich abends gut Gelegenheit, regelmäßig zu üben.

■ Was bedeutet Yoga für Sie persönlich? Geht es nur um den Körper oder um mehr?

Zunächst einmal hat man es – sehr salopp ausgedrückt – mit richtig anspruchsvollen Turn- und Dehnübungen zu tun. Ich startete mehr oder weniger von einem jämmerlichen Niveau aus. Bestimmte Muskelpartien waren in der Vergangenheit schlichtweg nicht gefordert worden und auch mit der Dehnung der Sehnen war es nicht weit her.

Aber bereits nach mehreren Wochen kontinuierlichen Trainings bemerkte ich deutliche Veränderungen meines Körpers und wie gut mir das Ganze bekam. Wichtig war in dieser Phase die professionelle Instruktion, da man eine Menge Dinge falsch machen kann, die entweder in eine Sackgasse oder gar zu Verletzungen führen können. Ich übte mit Hingabe die „Asanas“ der ersten Ashtanga-Serie, die übrigens bis auf den einzelnen Atemzug vorgegeben sind, und kam gut voran.

„Ich fühlte mich innerlich zunehmend gelockert, zugleich konzentrierter, fokussierter und damit entschlossener und souveräner"

Nach ungefähr einem Dreivierteljahr fühlte ich mich so fit wie noch nie zuvor. Da gelang mittlerweile vieles recht gut und lief durch das beständige Wiederholen irgendwie automatisch, fast unbewusst, ab. Manche „Asanas" beherrsche ich zwar bis zum heutigen Tag nicht einwandfrei, aber dass sie immer ein bisschen besser gelingen, darauf kommt es an.

Dank der sich einstellenden Fortschritte ließ es sich fast nicht verhindern, dass ich mich auch für den philosophischen Hintergrund, die damit verbundenen Konzepte öffnete. Was mir gefiel, war, dass man durch das tägliche Üben Weiterentwicklung als persönliche Erfahrung erleben konnte – anfangs nur körperlich, später interessanterweise auch geistig. Ich fühlte mich innerlich zunehmend gelockert, zugleich konzentrierter, fokussierter und damit entschlossener und souveräner. Es fühlte sich einfach gut an.

Das war etwas fundamental anderes als das unreflektierte Befolgen von irgendwelchen Glaubenssätzen, die bestenfalls auf den persönlichen Erfahrungen anderer beruhen. Die meisten Glaubenssätze werden ja unreflektiert übernommen. Ich für mich habe erfahren, dass man seinen eigenen Weg suchen, finden und dann beschreiten muss. Wissen erfährt man durch Erkenntnis und nicht durch Glauben.

■ Was ist für Sie das Besondere an Yoga?

„Yoga ist für mich auch eine Geisteshaltung"

Zugegebenermaßen war mein Einstieg ins Yoga rein körperlich motiviert. Und das war auch gut so, da ich es sonst nicht ernst genommen hätte. Mittlerweile ist Yoga jedoch für mich auch eine Geisteshaltung: Dinge diszipliniert und beharrlich angehen – dabei jedoch unverkrampft bleiben, selbstreflektierend und selbstkorrigierend unterwegs sein, den Verstand als Werkzeug gebrauchen und im Hier und Jetzt leben.

Die Disziplinierung des Geistes hilft eigentlich bei allem, was man macht. Insofern kann man yogische bzw. meditative Momente bei allem, was man konzentriert tut, erleben.

■ Welches sind Ihre Lieblingsübungen?

Ich liebe „Asanas", bei welchen die Wirbelsäule zugleich in sich gedreht und gebogen wird. Das ist ein sehr angenehmes, bis hin zum leichten Schmerz hin dosierbares Gefühl. Die Balanceübungen, insbesondere die auf den Händen, mag ich mittlerweile auch sehr. Anfangs hasst man sie.

■ An welche Erfahrungen können Sie sich besonders gut erinnern?

Das Üben fühlt sich nach einer gewissen Zeit so an, als ob man im Fluss ist. Man verinnerlicht die Abläufe, die „Asanas" werden sauberer ausgeführt, bestimmte „Asanas" verlieren allmählich ihren Schrecken, man spürt, dass man auf dem richtigen Weg ist, und natürlich auch, dass noch ein sehr weiter Weg vor einem liegt.

Hat man erst einmal ein gewisses Level erreicht, staunt man über sich selbst, welche Kräfte man im Zusammenspiel mit einem kontrollierten Atmen mobilisieren kann. Das fühlt sich ein wenig an wie ein hydraulisches System. Es ist cool, das immer wieder zu erleben.

- **Wie hat sich Ihre Praxis im Laufe der Zeit verändert?**

Meine körperlichen Grundvoraussetzungen stellten glücklicherweise kein Handycap dar, sodass sich relativ schnell spürbare Fortschritte einstellten. Es dauert jedoch eine gewisse Zeit, bis man den Sinn der einzelnen „Asanas“ begreift und weiß, worauf es ankommt. Es sind oft die Details, welche – wenn man sie richtig anwendet – eine Übung zu einer wirksamen machen.

Eine professionelle Instruktion ist hier wirklich wichtig. Gerade in der Anfangsphase braucht es einen erfahrenen Lehrer, welcher einen auf den richtigen Weg bringt. Man muss dann jedoch phasenweise alleine laufen und die Geduld aufbringen, dass sich die Dinge weiterentwickeln. Man weiß einerseits, worauf es ankommt, ist jedoch andererseits noch nicht so weit, dass man es kann.

Da hilft nur dranbleiben und konzentriert üben, nicht groß über den zurückgelegten oder den vor einem liegenden Weg nachdenken, einfach schauen, wohin es einen treibt und die allmähliche Weiterentwicklung genießen!

- **Hier würde ich gerne etwas mehr erfahren: Spielt Achtsamkeit, Meditation für Sie eine Rolle? Wenn ja, wie könnte das beschrieben werden?**

Natürlich spielen Achtsamkeit und Meditation eine Rolle, aber dies sind eher Nebeneffekte eines disziplinierten körperlichen Trainings. Ich glaube nicht, dass man sich beides über einen „Direkteinstieg“ erschließen kann oder dass es da eine „Abkürzung zur Erleuchtung“ gibt. Meinem Eindruck nach ist da viel Hokuspokus unterwegs, weshalb ich mich bewusst für einen anderen Einstieg entschieden habe.

Was dann interessanterweise im Rahmen des täglichen Übens passiert, ist, dass man sich allmählich für diese Themen öffnet und sich eine neue Welt auftut. Den Dingen möglichst unvoreingenommen begegnen – darauf kommt es an.

„Den Dingen möglichst unvoreingenommen begegnen – darauf kommt es an"

- **Nutzen Sie Yoga-Apps?**

Apps im engeren Sinne nutze ich keine. Ich arbeitete jedoch viel mit DVDs und Büchern – insbesondere in der Anfangsphase. Ab und zu musste man einfach Tiefenbohrungen vornehmen, Dinge besser verstehen oder „eine zweite Meinung“ einholen.

Ein langer Weg geht sich leichter, wenn man weiß, warum man ihn geht.

6

- **Wie häufig machen Sie Yoga (im Vergleich zu früher)? Besuchen Sie Kurse/Retreats?**

Ich schaue, dass ich jeden Tag die Zeit für ein paar Übungen finde. In den ersten Jahren waren es wöchentlich sicherlich 7–10 Stunden, die ich investiert habe. Das hört sich fast paramilitärisch an, war es aber nicht: morgens 30 Minuten und abends ein Dreiviertelstündchen. Es ging ja auch darum, auf ein gewisses Level zu kommen.

Im Moment ist es deutlich weniger – auch berufsbedingt. Ich nehme mir jedoch so ziemlich jeden Tag für einige der für mich schwierigsten Übungen Zeit. Trotz dieses minimalen Zeiteinsatzes entwickelt man sich weiter, wenn auch langsamer. Jetzt ist es auch so, dass ich mich so fit und wach fühle, wie noch nie in meinem Leben zuvor, weshalb ich es nun etwas ruhiger angehen lasse.

Kurse/Retreats habe ich noch keine besucht. Das hat sich einfach noch nicht ergeben. Am Anfang stand das Üben im Vordergrund, die stetige Verbesserung. Da gab es genug zu tun und zu erkunden. Ein Kurs hätte mich da eher abgelenkt, oder zumindest hätte sich da wenig beschleunigt. Und im Moment sind mir andere Dinge wie die knappe Zeit mit meiner Familie wichtiger, als mich für ein paar Tage irgendwohin auszuklinken und mein Ashtanga zu perfektionieren.

„Yoga ist mein Freund und nicht etwas, was einengt oder beschränkt"

Zweifelsohne fände ich das spannend und mit Sicherheit käme ich zu neuen Erkenntnissen, aber die rechte Balance zwischen den Dingen des Lebens ist mir wichtiger. Yoga ist mein Freund und nicht etwas, was einengt oder beschränkt.

- **Welchen Rat haben Sie für Anfänger?**

„Lass Dich nicht durch das Leistungsniveau von Könnern abschrecken, sondern gehe einfach Deinen Weg!"

Nimm Dir einen guten Lehrer, nimm Dir Zeit und bringe die notwendige Geduld auf, den eingeschlagenen Weg auch ein gutes Stück zu gehen. Erfolge stellen sich nicht über Nacht ein; bei regelmäßiger Übung sind sie jedoch fast unvermeidlich. Beobachte einfach, was passiert, und lass Dich auf die persönliche Erfahrung ein, die Du beim Gehen des Weges machst. Und lerne, das Gefühl zu genießen, alleine mit Dir zu sein! Lass Dich nicht durch das Leistungsniveau von Könnern abschrecken, sondern gehe einfach Deinen Weg! Finde Dich damit ab, dass Verstand und Körper nicht zweierlei sind, sondern dass der Verstand ein Teil des Körpers ist!

Im Grunde kann man alles lernen, wenn man sich damit konzentriert beschäftigt. Es wird immer wieder gesagt, dass man 10.000 Stunden benötigen würde, um ein Meister in einem Fach zu werden. Das mag stimmen, aber meiner Erfahrung nach erreicht man bereits nach 20–40 Stunden ein respektables Niveau. Voraussetzung ist allerdings, dass man die Komplexität – ob nun die von Bewegungsabläufen oder die eines Wissensgebietes irgendwie partitioniert, also in beherrschbare Einzelteile zerlegt bekommt, damit man sich an diesen dann versuchen kann.

Schafft man dies, dann wird es im nächsten Schritt sehr wichtig, zu erkennen, ob man in die richtige Richtung übt, ob also die Selbstkorrektur funktioniert. Da kann es dann passieren, dass man sich längere

Zeit mit Engpassfaktoren beschäftigen sollte. Den Problemen hier aus dem Weg zu gehen, bedeutet, dass man keine Chance hat, das Gesamtthema in den Griff zu bekommen. Dies nur als kleiner Seitenhieb auf das Manager-Mantra, dass man sich nur auf seine Stärken konzentrieren sollte. Völliger Quatsch! Das mag in einer Unternehmenswelt funktionieren, wo man am Unterhaltungswert gemessen wird, nicht jedoch, wo Substanz zählt.

Ja, und dann sollte man die 20–40 Stunden aufbringen, um zu üben bzw. sich mit der Sache zu beschäftigen – ganz entspannt, also ohne überzogene Erwartungen oder überzogenen Ehrgeiz, und zugleich konzentriert. Der Erfolg stellt sich dann allmählich ein. Man weiß nach relativ kurzer Zeit, ob einem eine Sache liegt.

- **Wie wirkt sich Ihre Yogapraxis auf Ihre Führungspraxis aus?**

Die Wirkung von Yoga auf die Führungspraxis ist eher mittelbar. Es gibt keine „Leitsätze yogischer Führung", sondern mit den Patañjali-Sutren ein paar sehr komprimierte Kernformeln, ein philosophisches Grundgerüst sozusagen und ein sich daraus ableitendes Menschenbild, in welchem Disziplin, Konzentration auf das Wesentliche und der richtige Gebrauch des Verstands zentrale Konzepte sind. Man arbeitet daran, das Beste, was in einem steckt, zu entwickeln. Man arbeitet mit der Natur und nicht gegen sie.

„Man arbeitet daran, das Beste, was in einem steckt, zu entwickeln. Man arbeitet mit der Natur und nicht gegen sie"

Ich versuche, meine Mitarbeiter in ihrer geistigen Unabhängigkeit zu bestärken und ihre Entschlossenheit zu befördern, große Aufgaben anzupacken und durchzuziehen. Das funktioniert nur in einem angstfreien Umfeld. Mir geht es darum, die Herzen und Hirne zu gewinnen. Nur dann gehen Leute ins Risiko, entwickeln ungewöhnliche Lösungsansätze und treiben Dinge voran. Ich messe meine Leute nicht an der zur Schau getragenen Gesinnung oder am Grad des Kadavergehorsams. Das überlasse ich denjenigen, die meinen, hier ihre Erfahrungen sammeln zu müssen, oder die nicht anders können, als dem Managementsystem nachzueifern, in welchem sie sozialisiert worden sind. Ich für mich zumindest habe erfahren, dass ich anders herangehen muss, wenn große oder nahezu unmögliche Dinge gelingen sollen.

Es braucht aus meiner Sicht ein gewisses Maß an Gelassenheit und einen Rahmen, in welchem Vertrauen reifen kann. Ich möchte mich nicht mit Leuten umgeben, die tun, was ich sage, sondern mit welchen, die wissen, was zu tun ist, weil sie verstanden haben, welches Problem gelöst werden muss. Eine Organisation ist umso erfolgreicher, je mehr Mitarbeiter sie in die richtige Richtung mobilisiert bekommt. Es geht nicht darum, dass sich selbst ernannte Leistungsträger zulasten vermeintlich Unfähiger profilieren, sondern darum, aus allen – auch den weniger Befähigten – das Bestmögliche herauszuholen und das Zusammenspiel zwischen allen Beteiligten mit einem vernünftigen Rahmen hinterlegt zu bekommen. Das geht nur durch Kooperation und etwas Güte im Umgang miteinander. Daran zu arbeiten, das ist meine Verantwortung.

„Es braucht ein gewisses Maß an Gelassenheit und einen Rahmen, in welchem Vertrauen reifen kann"

Herr Lichtenberg, vielen Dank für das Gespräch.

Serviceteil

M. Schwalbach, *Gute Führung durch Yoga und Meditation*, DOI 10.1007/978-3-662-48934-5

Verzeichnis der Übungen

Literaturverzeichnis

Akademie für Führungskräfte der Wirtschaft GmbH (2008). Akademie-Studie 2008: Führung beim Wort nehmen. Wie kommunizieren deutsche Manager?. https://akademie-web.s3.amazonaws.com/akademie/studien/Akademie-Studie-2008.pdf. Zugegriffen: 04. Januar 2016

Albrecht, A. (2014). Haltung bewahren. http://www.zeit.de/2014/45/koerper-haltung-stimmung-auswirkung (Erstellt: 13. November 2014). Zugegriffen: 04. Januar 2016

Ballreich, R., Held, W., & Leschke, M. (2009). *Stress-Ballance. Wege zu mehr Lebensqualität*. Esslingen: Gesundheitspflege initiativ.

Bauer, J. (2008). *Prinzip Menschlichkeit. Warum wir von Natur aus kooperieren*. München: Herder.

Bauer, J. (2014). Das Glück und die Hirnforschung. Glücksquelle Mitmensch: Eine neurowissenschaftliche Perspektive. http://www.seligmaneurope.com/material/materialien--kongress-ber. Zugegriffen: 04. Januar 2016

Bauhofer, U. (2014). *In Balance leben. Wie wir trotz Stress mit unserer Energie richtig umgehen*. München: Südwest.

Baumeister, R., & Tierney, J. (2012). *Die Macht der Disziplin. Wie wir unseren Willen trainieren können*. Frankfurt a. M.: Campus.

Benson, R., & Ribbers, P. (2014). *Trust and Partnership*. Hoboken, New Jersey: Wiley.

Bloomberg & Reuters (2015). Deutsche Bank: Belegschaft soll deutlich schrumpfen. http://www.tagesspiegel.de/wirtschaft/neue-strategie-deutsche-bank-will-angeblich-23-000-stellen-streichen/12319382.html (Erstellt: 14. September 2015). Zugegriffen: 04. Januar 2016

Boschert, F. (2016). Führung im 21. Jahrhundert. http://www.leadershipmeditation.com/?page_id=17. Zugegriffen: 15. Februar 2016

Breuer, P. J., & Frot, P. (2010). *Das Emotionale Unternehmen. Mental starke Unternehmen entwickeln*. Wiesbaden: Gabler.

Broad, W. J. (2013). *The Science of Yoga. Was es verspricht – was es kann*. Freiburg: Herder.

Bücheler, S. (2015). Nobelpreisträger Stefan Hell über Freiheit, Forschung und Fortschritt. http://www.hr-online.de/website/radio/hr-info/index.jsp?rubrik=93178&key=standard_document_57137432 (Erstellt: 28. September 2015). Zugegriffen: 15. Februar 2016

Cassel, W. (2015). Thema im Service: Guter Schlaf. Sendung vom 01. September 2015. Frankfurt a. M.: Hessischer-Rundfunk.

Chapman, G., & Whitman, P. (2012). *The five languages of Appreciation in the Workplace: Empowering Organizations by Encouraging People*. Birmingham: Northfield.

Covey, S. M. R. (2009). *Schnelligkeit durch Vertrauen. Die unterschätzte ökonomische Macht*. Offenbach: GABAL.

Damásio, A. (2004). *Descartes' Irrtum – Fühlen, Denken und das menschliche Gehirn*. Berlin: List.

Deshpanade, P. Y. (Hrsg.). (2010). *Die Wurzeln des Yoga. Die klassischen Lehrsprüche des Patanjali*. Bern: O. W. Barth.

Dierke, K. W., & Houben, A. (2010). *Gemeinsame Spitze. Wie Führung im Top Team gelingt*. Frankfurt a. M.: Campus.

Dievernich, F. E. P. (2015). Joachim Löw: Führung als Entscheidung für die Liebe. http://www.fr-online.de/liebe/joachim-loew-fuehrung-als--entscheidung-fuer-die-liebe,30735670,30984246.html (Erstellt: 18. Juni 2015). Zugegriffen: 04. Januar 2016

Dolgin, E. (2013). Immunsystem: Guter Schlaf für gute Gesundheit. http://www.spektrum.de/news/guter-schlaf-fuer-gute-gesundheit/1195157 (Erstellt: 24. Mai 2013). Zugegriffen: 4. Januar 2016

Drath, K. (2014). *Resilienz in der Unternehmensführung. Was Manager und ihre Teams stark macht*. Freiburg: Haufe.

Eichhorn, C., & Hauner, H. (2014). Präventives Potenzial mediterraner Kost. *Aktuelle Kardiologie*, *3*, 361–364.

Eidenschink, K. (2013). Mythos Führungsstärke. *Wirtschaft und Weiterbildung*, *3*, 19–23.

FAZ (2015). Zenit überschritten? Manager über 40 sind häufig frustriert. http://www.faz.net/aktuell/beruf-chance/arbeitswelt/manager-ueber-vierzig-sind-haeufig-frustriert-13438679.html (Erstellt: 24. Februar 2015). Zugegriffen: 4. Januar 2016

Fehr, E. (2014). Wer Fairness, Vertrauen und Respekt sät, wird Motivation ernten. http://www.fehradvice.com/blog/2014/11/07/wer-fairness-vertrauen-und-respekt-saet-wird-motivation-ernten/ (Erstellt: 7. November 2014). Zugegriffen: 4. Januar 2016

Feuerstein, G. (2008). *Die Yoga Tradition. Geschichte, Literatur, Philosophie & Praxis*. Wiggensbach: Yoga.

Florida, R. (2002). *The Rise of the Creative Class*. New York: Basaic Books.

Fontana, B. (2014). Führen heißt, sich selbst entwickeln. In F. Arnold (Hrsg.), *Der beste Rat, den ich je bekam* (S. 89–91). München: Carl Hanser.

Fox, E. A. (2013). *Winning from Within. A Breakthrough Method for Leading, Living, and Lasting Change*. New York: Harper Business.

Freitag, L. (2015). Manager haben Angst vor Entscheidungen. http://www.wiwo.de/erfolg/management/entschlossenheit-manager-haben-angst-vor-entscheidungen/12544386.html (Erstellt: 11. November 2015). Zugegriffen: 04. Januar 2016

Gelles, D. (2015). At Aetna, a C.E.O.'s Management by Mantra. http://www.nytimes.com/2015/03/01/business/at-aetna-a-ceos-management-by-mantra.html?_r=0 (Erstellt: 27. Februar 2015). Zugegriffen: 15. Februar 2016

Gigerenzer, G., & Gaismeier, W. (2012). *Intuition und Führung. Wie gute Entscheidungen entstehen*. Gütersloh: Bertelsmann.

Goldstein, E., & Stahl, B. (2010). Achtsamkeit und Stress im Alltag: Der Raum zwischen Stimulus, Reiz und Reaktion.

http://www.arbor-verlag.de/achtsamkeit-und-stress-im-alltag. Zugegriffen: 15. Februar 2016

Goleman, D. (1995). *Emotional Intelligence. Why it can matter more than IQ*. New York: Bantam.

Goleman, D. (2014). *Focus. The Hidden Driver of Excellence*. New York: Harper Collins.

Green, P. Jr. (2010). Chris Rufer on Harry Browne program. http://www.self-managementinstitute.org/chris_rufer_on_the_harry_browne_radio_program1. Zugegriffen: 04. Januar 2016

Green Jr., P., & Haas, O. (2015). Wenn andere Spielregeln gelten. Ein Gespräch über Management ohne Manager und Organisieren ohne Organisation. *OrganisationsEntwickl*, *1*, 30–51.

McGrath, G. R. (2014). Das Zeitalter der Empathie. http://www.harvardbusinessmanager.de/blogs/manager-brauchen-neuen-fuehrungsstil-a-987288.html (Erstellt: 15. September 2014). Zugegriffen: 4. Januar 2016

Hänsel, M., & Zeuch, A. (2003). Intuition im Management. Auf die innere Stimme hören. *Managerseminare*, *69*, 29–35.

Hamel, G. (2011). First, let's first fire al the managers. https://hbr.org/2011/12/first-lets-fire-all-the-managers (Erstellt: Dezember 2011). Zugegriffen: 4. Januar 2016

Hamel, G. (2012). *Worauf es jetzt ankommt! Erfolgreich in Zeiten kompromisslosen Wandels, brutalen Wettbewerbs und unaufhaltsamer Innovationen*. Weinheim: Wiley.

Handelsblatt (2014). dm-Gründer Götz Werner wird 70: „Beharrlich im Bemühen". http://www.handelsblatt.com/unternehmen/handel-konsumgueter/dm-gruender-goetz-werner-wird-70-beharrlich-im-bemuehen/9433742.html (Erstellt: 05. Februar 2014). Zugegriffen: 15. Februar 2016

Harp, D. (2014). *Achtsamkeit to go*. München: Goldmann.

Harris, T. A. (1975). *Ich bin o.k. – Du bist o.k.: Wie wir uns selbst besser verstehen und unsere Einstellung zu anderen verändern können – eine Einführung in die Transaktionsanalyse*. Reinbek bei Hamburg: Rowohlt.

Harsch, E. (2015). Der Mensch steht im Mittelpunkt. https://www.dm.de/unternehmen/. Zugegriffen: 28. Dezember 2015

Hartge, T. (2006). Mit Lob bringt man die Freiheit um. Interview mit Reinhard K. Sprenger über das Loben als Führungsinstrument. *Personalführung*, *9*, 30–37.

Hecker, A. (2011). Formel 1: Fortschritt im Stillstand. http://www.faz.net/aktuell/sport/formel-1/formel-1-fortschritt-im-stillstand-11113414.html (Erstellt: 29. Juli 2011). Zugegriffen: 15. Februar 2016

Heidrick & Struggles (2015). *The CEO Report. Embracing the Paradoxes of Leadership and the Power of Doubt*. New York: Heidrick & Struggles.

Hindle, T. (2008). *Guide to Management Ideas and Gurus (The Economist)*. New York: Bloomberg Press.

Holm-Hadulla, R. M. (2010). *Kreativität. Konzept und Lebensstil*. Göttingen: Vandenhoeck & Ruprecht.

Holtermann, F. (2010). Konsumverhalten: Wenn Auswahl überfordert – oder auch nicht. http://www.handelsblatt.com/politik/konjunktur/oekonomie/nachrichten/konsumverhalten-wenn-auswahl-ueberfordert-oder-auch-nicht/3362886.html (Erstellt: 05. Februar 2010). Zugegriffen: 15. Februar 2016

Hsieh, T. (2010). *Delivering Happiness. A Path to Profits, Passion, and Purpose*. New York: Business Plus.

Hüther, G. (2009). Wie gehirngerechte Führung funktioniert. http://www.kulturwandel.org/content/inspiration/interviews-und-texte/wie-gehirngerechte-fuehrung-funktioniert/. Zugegriffen: 15. Februar 2016

Hustvedt, S. (2010). *Mit dem Körper sehen: Was bedeutet es, ein Kunstwerk zu betrachten?* München: Akademie die Bildenden Künste.

ifp – Personalberatung, Managementdiagnostik. (2014). *Haltung zeigen*. Gut führen. Köln: ifp.

Initiative Neue Qualität der Arbeit (Hrsg.). (2014). *Gute Führung, Forum. Führungskultur im Wandel. Kulturstudie mit 400 Tiefeninterviews*. Berlin: Initiative Neue Qualität der Arbeit.

Kabat-Zinn, J. (2010). *Im Alltag Ruhe finden. Meditationen für ein gelassenes Leben*. München: Knaur.

Kabat-Zinn, J. (2013). *Gesund durch Meditation. Das große Buch der Selbstheilung mit MBSR*. München: Droemer Knaur.

Kahneman, D. (2012). *Thinking, Fast and Slow*. London: Penguin Books.

Kals, U. (2014). Wissenschaftler Pörksen: Führung braucht kein Befindlichkeitsgelaber. http://www.faz.net/aktuell/beruf-chance/arbeitswelt/wissenschaftler-poerksen-fuehrung-braucht-kein-befindlichkeitsgelaber-13251897.html (Erstellt: 10. November 2014). Zugegriffen: 4. Januar 2016

Kellerman, B. (2012). *The End of Leadership*. New York: Harper Business.

Kelley, D., & Kelley, T. (2013). *Kreativität und Selbstvertrauen. Der Schlüssel zu Ihrem Kreativitätsbewußtsein*. Mainz: Herman Schmidt.

Korn Ferry Institute (Hrsg.). (2015). *Real World Leadership. Develop leaders who can drive real change*. Los Angeles: Korn Ferry Institute.

Kruse, P. (2010). *Erfolgreiches Management von Instabilität. Veränderung durch Vernetzung*. Offenbach: GABAL.

Lamparter, D. H. (2014). Mohsen Sohi: Der Einwanderer. http://www.zeit.de/2014/16/unternehmen-freudenberg-mohsen-sohi (Erstellt: 10. April 2014). Zugegriffen: 15. Februar 2016

LEAD – Mercator Capacity Building Centre for Leadership and Advocacy (Hrsg.). (2013). *Leadership Series N°1*. Berlin: LEAD.

Leder, A. (2012). *Wie Zahlenmenschen ticken. Grenzen, Potenziale*. München: Herder.

Ludowig, K. (2014). Feingold Technologies: Stress im Job managen. http://www.handelsblatt.com/technik/das-technologie-update/startup-der-woche/feingold-technologies-stress-im-job-managen/9762606.html (Erstellt: 15. April 2014). Zugegriffen: 4. Januar 2016

Löhr, J. (2014). Manager müssen 30.000 E-Mails im Jahr abarbeiten. http://www.faz.net/aktuell/wirtschaft/menschen-wirtschaft/studie-manager-muessen-30-000-e-mails-im-jahr-abarbeiten-13090942.html (Erstellt: 11. August 2014). Zugegriffen: 4. Januar 2016

Mackey, J., & Sisodia, R. (2013). *Conscious Capitalism: Liberating the Heroic Spirit of Business*. Boston: Harvard Business Press.

Malik, F. (2014). *Wenn Grenzen keine sind. Management und Bergsteigen*. Frankfurt am Main: Campus.

McDermott, B. (2014). *Winners Dream*. New York: Simon & Schuster.

Meck, G. (2015). Neuer BMW-Chef Krüger: Aus Freude am Führen. http://www.faz.net/aktuell/beruf-chance/neuer-bmw-vorstand-harald-krueger-mit-neuem-fuehrungsstil-13584679.html (Erstellt: 13. Mai 2015). Zugegriffen: 4. Januar 2016

nextpractice GmbH (2015). Zukunft von Führung – kompetent, kollektiv oder katastrophal?. http://www.forum-gute-fuehrung.de/sites/default/files/peter_kruse_layout.pdf. Zugegriffen: 22. Februar 2016

Noë, A. (2010). *Du bist nicht dein Gehirn. Eine radikale Philosophie des Bewußtseins*. München: Piper.

Ott, U. (2010). *Meditation für Skeptiker*. München: O. W. Barth.

Ott, U. (2013). *Yoga für Skeptiker. Ein Neurowissenschaftler erklärt die uralte Weisheitslehre*. München: O. W. Barth.

Podbregar, N. (2014). Yoga bringt es auch. http://www.wissenschaft.de/leben-umwelt/gesundheit/-/journal_content/56/12054/5279688/Yoga-bringt-es-auch/ (Erstellt: 16. Dezember 2014). Zugegriffen: 4. Januar 2016

Pontefract, D. (2015). What Is Happening At Zappos?. http://www.forbes.com/sites/danpontefract/2015/05/11/what-is-happening-at-zappos/. Zugegriffen: 04. Januar 2016

Purps-Pardigol, S. (2015). Kulturwandel in Unternehmen und Organisationen. DM-Drogeriemarkt. http://www.kulturwandel.org/content/die-unternehmen-des-gelingens/dm-drogerie-markt/ (Erstellt: 4. Januar 2016)

Richter, K. (2014). Wenn der Artikel 1 der Verfassung gelebt würde, gäbe es kein Hartz-IV. https://galore.de/interviews/people/goetz-werner/2014-10-01 (Erstellt: 2. Februar 2015). Zugegriffen: 4. Januar 2016

Riordan, C. M. (2014). Three ways leaders can listen with more empathy. https://hbr.org/2014/01/three-ways-leaders-can-listen-with-more-empathy (Erstellt: 16. Januar 2014). Zugegriffen: 4. Januar 2016

Roth, G. (2014). Essay: Wie entscheiden wir am besten? *Wirtsch Wiss*, *3*, 42–45.

Boutin, S. (2014). Salesforce.com Named a Top 5 InDemand U.S. Employer by LinkedIn. https://www.salesforce.com/blog/2014/06/salesforce-indemand-employer.html. Zugegriffen: 15. Februar 2016

Schäfer, A. (2014). Sat Bir Singh Khalsa im Interview. Eine Sache der Disziplin. *brand eins*, *4*, 92–96.

Scharmer, C. O. (2014a). Adressing the blind spot of our time. An executive summary of the new book by Otto Scharmer. Theory U: Leading from the future as it emerges. https://www.presencing.com/sites/default/files/page-files/Theory_U_Exec_Summary.pdf. Zugegriffen: 15. Februar 2016

Scharmer, C. O. (2014b). *Von der Zukunft her führen: Presencing als soziale Technik*. Heidelberg: Carl Auer.

Schauenburg, S. (2016). Achtsamkeit: Ein Boom in der Kritik. *Yoga Journal*, *1*, 78–81.

Schlesiger, C. (2012). Post-Chef Appel. http://www.wiwo.de/unternehmen/dienstleister/post-chef-appel-appel-spielt-fussnote/6957180-3.html (Erstellt: 10. August 2012). Zugegriffen: 15. Februar 2016

Schmitz, G. P., Salz, J., & Meckel, M. (2015). VW-Skandal: Bayer-Chef Dekkers befürchtet Imageschaden für Deutschland. http://www.wiwo.de/unternehmen/auto/vw-skandal-bayer-chef-dekkers-befuerchtet-imageschaden-fuer-deutschland/12394920.html (Erstellt: 1. Oktober 2015). Zugegriffen: 15. Februar 2016

Schneider, M. (2012). *Stressfrei durch Meditation: Das MBSR-Kursbuch nach der Methode von Jon Kabat-Zinn*. Bern: O. W. Barth.

Schwartz, T. (2010). *The Way We're Working Isn't Working: The Four Forgotten Needs That Energize Great Performance*. New York: Free Press.

Schweinsberg, K. (2014). *Anständig führen*. Heidelberg: Herder.

Schwenker, B. (2013). Über gute Führung. http://www.huffingtonpost.de/burkhard-schwenker/ueber-gute-fuehrung_b_4070152.html (Erstellt: 9. Oktober 2013). Zugegriffen: 4. Januar 2016

Secretan, L. (2001). *Inspirieren statt motivieren! Mit Leidenschaft zum Erfolg – so leben und führen Sie besser*. Bielefeld: Kamphausen.

Senge, P. (2010). *The Necessary Revolution. Working together to create a Sustainable World*. New York: Broadway Books.

Singer, T., & Klimecki, O. M. (2014). Empathy and compassion. *Curr Biol*, *24*, R875–R876.

Tan, C.-M. (2013). *Search Inside Yourself. The Unexpected Path to Achieving Success, Happiness (And World Peace)*. New York: Harper Collins.

Techniker Krankenkasse (Hrsg.). (2013). *Beweg Dich, Deutschland! TK-Studie zum Bewegungsverhalten der Menschen in Deutschland*. Hamburg: Techniker Krankenkasse.

TEDxBerlinSalon (2015). *Leading in a complex world*. Berlin: red onion.

Tödtmann, C. (2014). Vertrauensindex: Die Marken, denen die Deutschen vertrauen. http://www.wiwo.de/erfolg/trends/vertrauensindex-die-marken-denen-die-deutschen-vertrauen/10757732.html (Erstellt: 29. September 2014). Zugegriffen: 4. Januar 2016

Trökes, A., & Knothe, B. (2010). *Yoga Gehirn. Wie und warum Yoga auf unser Bewusstsein wirkt*. München: O. W. Barth.

van der Horst, L., & Pauli, P. (2014). Wie werd' ich mutiger? Mut lässt sich steigern, indem man sich der Angst stellt. http://www.i1.psychologie.uni-wuerzburg.de/klin/presseberichte/ (Erstellt: 10. April 2014). Zugegriffen: 15. Februar 2016

Walch, S. (2011). *Vom Ego zum Selbst. Grundzüge eines spirituellen Menschenbildes*. München: O. W. Barth.

Waldherr, G. (2014). Der das Spiel lesen kann. *brand eins*, *4*, 93–95.

Werner, G. W. (2013). *Womit ich nie gerechnet habe*. Berlin: Econ.

Whole Foods Market (2015). Academy for Conscious

Leadership Mission Statement. http://www.wholefoodsmarket.com/academy-conscious-leadership. Zugegriffen: 29. Dezember 2015

Whole Foods Market (2016). Our Core Values. http://www.wholefoodsmarket.com/mission-values/core-values. Zugegriffen: 15. Februar 2016

Winkler, P. (2015). Lionel Messi: Das Weltbeste noch verbessert. http://www.sport1.de/fussball/champions-league/2015/06/lionel-messi-das-weltbeste-noch-verbessert (Erstellt: 4. Juni 2015). Zugegriffen: 4. Januar 2016

Zaffron, S., & Logan, D. (2012). *Drei Schritte voraus*. Weinheim: Wiley.

Zeuch, A. (2010). *Feel it! So viel Intuition verträgt Ihr Unternehmen*. Weinheim: Wiley.

zur Bonsen, M. (2009). *Leading with Life. Lebendigkeit im Unternehmen freisetzen und nutzen*. Wiesbaden: Gabler.

Stichwortverzeichnis

Printed by Printforce, the Netherlands